工程造价人员必备工具书系列

以匠心 致造价
园林工程造价从入门到精通

梁丽萍 刘建宁 张 丹 主编

中国建筑工业出版社

图书在版编目（CIP）数据

以匠心　致造价：园林工程造价从入门到精通 / 梁丽萍，刘建宁，张丹主编 . -- 北京：中国建筑工业出版社，2024. 8. --（工程造价人员必备工具书系列）.
ISBN 978-7-112-30061-7

Ⅰ. TU986.3

中国国家版本馆 CIP 数据核字第 20242GC422 号

责任编辑：徐仲莉　王砾瑶
责任校对：张　颖

工程造价人员必备工具书系列
以匠心　致造价　园林工程造价从入门到精通
梁丽萍　刘建宁　张　丹　主编
*
中国建筑工业出版社出版、发行（北京海淀三里河路9号）
各地新华书店、建筑书店经销
北京光大印艺文化发展有限公司制版
建工社（河北）印刷有限公司印刷
*
开本：787毫米×1092毫米　1/16　印张：11¼　字数：264千字
2024年8月第一版　2024年8月第一次印刷
定价：**78.00**元
ISBN 978-7-112-30061-7
（43162）

本书编委会

主　编：

梁丽萍　刘建宁　张　丹

副主编：

武翠艳　徐方姿　石　莹　梁鸶宸

参　编：

胡荣洁　李　玺

前 言

园林绿化及景观专业在工程造价专业中属于小众专业，在国家大力提倡高品质发展、高质量生活的前提下，绿水青山才是金山银山。国家不断提升城市环境质量，打造美化住宅项目环境，让天蓝、地绿、水清、居安宁成为我们生活的一部分。随之而来需要更多懂园林种植技术、懂施工工艺、懂园林工程造价的专业人才满足行业发展的需要。不论你是业主方、施工单位、造价咨询机构、审计部门，对于园林绿化专业知识都需要从各自不同专业视角从编制控制价、投标报价、园林绿化施工及技术、绿化成本分析、结算审计等方面来提升绿化全过程精细化管理。

写这本书缘于前些年在一所大学兼职带园林绿化造价课，目的也很单纯，就想让学生学到我们工作中实际中常用的、实用的知识和技能，而不是学一些空洞的理论知识，也不想让自己的讲课走过场，更不想让学生毕业到工作岗位上一问三不知还要从头再学，就希望学生在毕业后多一个选择的方向和机会。基于这个初心我想不如自己顺便编一本专业课用书，既符合我们实际工作岗位的需要，又是造价人常用的、能落地、实操性强的实战专业课。让大家学完直接能上手，彻底解决学校的理论教学与实践工作严重脱节的痛点问题。

由于一直在乙方、甲方成本一线岗位工作 30 多年，工作中经常面试工程造价大学生，发现一个突出问题：很多大学生毕业后走到工作岗位上不会干造价的尴尬局面。自己平时在工作中也经常遇到新的问题和挑战，有时在网上、线下给各地造价人员讲课或答疑中，也了解到很多学习园林绿化造价过程中的痛点和难点问题，就按照简单、易学、易会，容易上手思路编制课件大纲，为了讲透这门课，我不停地搜集资料、做 PPT、写了十几万字文字稿。2018 年将网课上传到建筑课堂、一砖一瓦专业网站分享给更多的造价人。根据住房和城乡建设部清单、定额及施工规范的调整也同步对课程内容进行 3 次大的改编、调整和更新。课程上线后受到全国各地造价人员的高度好评，在同类课程销量中遥遥领先。

这次非常幸运遇到书籍编写组的梁丽萍、张丹等专业老师共同合作，按照专业书籍的编制要求，采用思维导图对课程内容框架重新梳理，对书稿字斟句酌，以求真务实的态度对内容重新调整编写，以求严谨、务实、适用。

本书以目前住房和城乡建设部最新颁发的全国 2018 版园林绿化工程消耗量定额，2013 版园林绿化工程工程量计算规范，2019 版园林绿化定额为依据，在课程里配置大量绿化苗木图片和实践案例进行重点讲解，重点关注初学者不熟悉定额，不会区分清单与定额计算规则，不知道如何计算苗木损耗，不知道如何计入苗木主材价，如何确定苗木带不带土球，土球直径究竟要多大，用三只桩还是四角桩，后期养护费如何计算……针对初学者这些难点和痛点，通过软件、实操案例一步一步演示、教会大家如何计算工程量、如何组价，如何计算综合单价，你有问题书中就有专业回答。

课程的重点也是最有价值部分是老师专业的讲解，形成对自身有用的学习、分析、思考方法的过程。老师的宝贵之处不在于告诉你答案，而是通过不断的传授和引导，带你寻求答案的过程，采用实践的教学方法进行编写，紧扣园林绿化造价工作实践，围绕实际绿化造价工作特点，聚焦动手能力的培养，聚焦解决实际问题的能力培养。

99% 的问题都有答案，找个懂行人问问就明白了，这次书籍汇集多位实战经验老师的宝贵经验，力求解决学习中的困惑，节约时间，少走弯路，减少试错成本，以最快的方法提升自己。

这本书旨在为园林绿化造价初学者、现场园林工程管理人员、甲乙方、造价咨询公司专业人员解决园林造价中经常遇到的问题，对园林绿化工程苗木特性、清单和定额区别、绿化工程量计算规则、组价有更清晰的掌握。本书可作为大专院校工程造价专业的辅助教材和在校学生参考用书，还是一本非常实用的培训教材。

好多事与其追求好的结果不如有一个好的开始，30 多年来，我从来没给自己的人生设限。至今已经在广联达建筑课堂、一砖一瓦网站上传电子招标投标、房地产成本管控、工程全过程成本管控疑难点、园林绿化及景观实战、结算审计复盘等二十几本专业网课，在新干线头条媒体平台开设刘建宁讲造价专栏，在专业论坛做直播做分享、给央企、特级施工企业做过多场线下专业培训，2022 年下半年开始在广联达视频号、抖音上发表原创造价专业短视频，累计播放量已过千万。

30 多年来我一直在持续不断坚持学习、坚持做专业、坚持不断积累，一直在为成为最好的自己而努力。

不管怎样，学习同行永远是最快最好的成长途径，能避开所有的弯路和无用功。

这世界很好，但你也不差，生活还得继续，继续我们边工作、边学习、边分享的好习惯。也希望和大家一起不负光阴、不负我们的坚持，为自己、为工作、为成就更好的自己而努力。

刘建宁

2024 年 6 月 10 日

目 录

第1篇 基础篇

第2篇 精通篇

第 3 篇　案例篇

附录篇

第1篇

基础篇

本篇为基础篇。通过本篇的学习，您将初步了解工程造价基础知识、园林工程基础知识及园林工程造价文件编制流程。

第 1 章　工程造价基础知识

1.1　工程造价概念

1.1.1　工程造价含义

《工程造价术语标准》GB/T 50875—2013 中第 2.1.1 条对工程造价的定义进行了明确规定："工程项目在建设期预计或实际支出的建设费用。"

从市场交易的角度来看，工程造价是指在工程发承包交易活动中形成的建筑安装工程费用或建设工程总费用。这一含义是以社会主义市场经济为前提的，是以"工程"这个特定商品形式作为交易对象，通过招标、投标、中标发承包签订合同等工程交易形式，最终由市场决定价格。因此，通常认定为工程发承包价格。

从发包方的角度来看，工程造价一般是指"建设项目总投资"，根据国家发展改革委和住房和城乡建设部发布的《建设项目经济评估方法与参数（第三版）》，建设项目总投资包括工程费用、工程建设其他费用和预备费三部分。

从承包方的角度来看，工程造价一般是指"建筑安装工程费"。

建设项目总投资具体构成如图 1.1.1 所示。

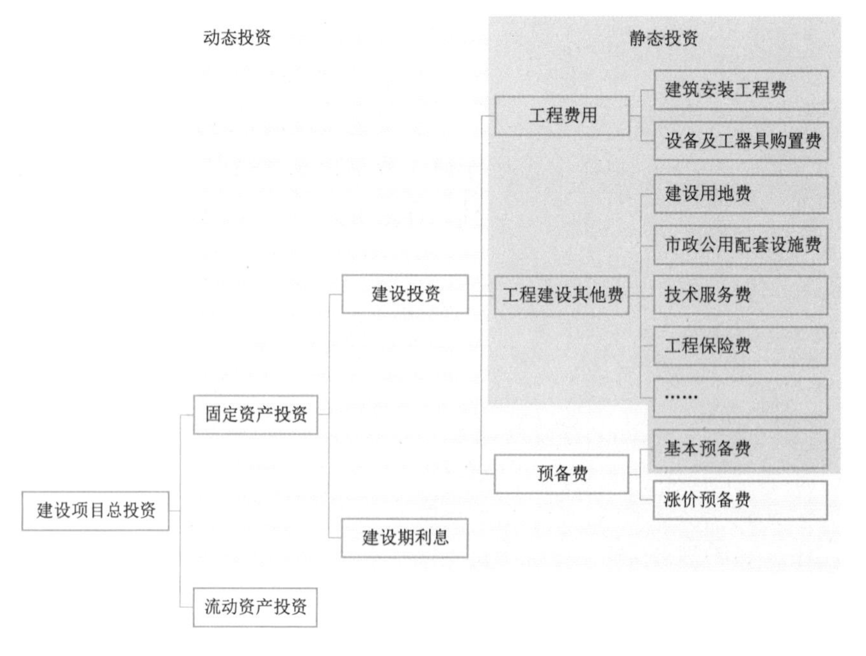

图 1.1.1　建设项目总投资构成

1.1.2　工程造价特点

一般来说，工程造价具有以下特性：

1. 单件性：每项工程必须单独计算工程造价。

2. 多次性：工程项目需要按照程序进行策划决策和建设实施，工程计价在不同阶段需要多次计算（图 1.1.2），以保证工程造价计算的准确性和有效性。工程计价是一个逐步深入和细化并不断接近实际造价的过程。

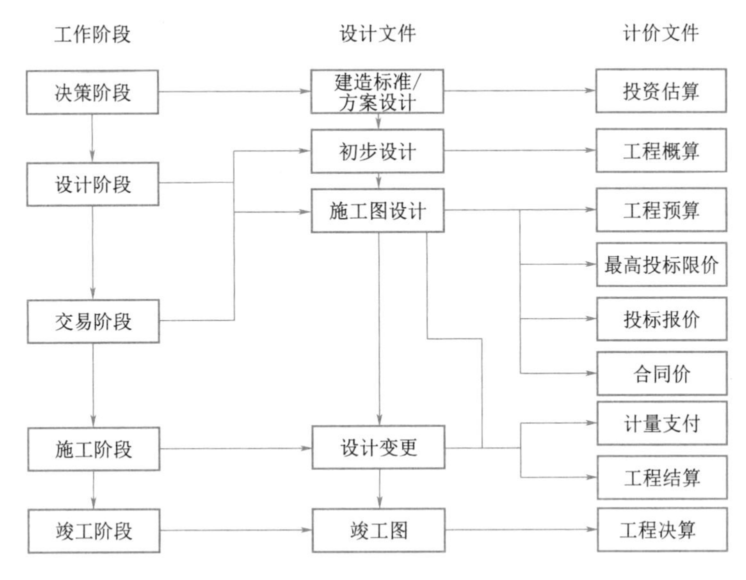

图 1.1.2　工程造价多次性

3. 层次性：一个建设项目可以分解为单项工程，单项工程按专业可以分解为单位工程，单位工程按部位或工艺等可以分解为分部工程、分项工程，如图 1.1.3 所示。

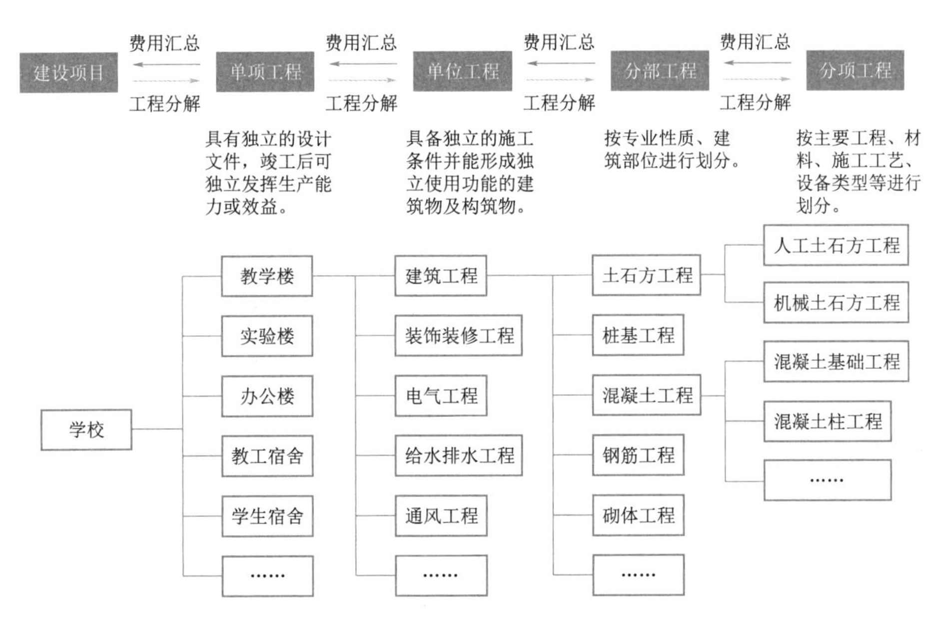

图 1.1.3　工程造价层次性

以一个学校的建设项目为例，可以分解为教学楼、实验楼等单项工程（竣工后可独立发挥生产能力或效益）；其中教学楼按专业可以分解为建筑工程、装饰装修工程、电气工程等单位工程；其中建筑工程按建筑部位可以分解为土石方工程、桩基工程、混凝土工程、钢筋工程等分部工程；其中土石方工程又可以分解为人工土石方或机械土石方等分项工程。

4. 多样性：计价的多次性决定了计价方法和计价依据的多样性。不同阶段的计价方法不同，如工程预算阶段有清单计价法和定额计价法；计价依据也不同，有定额、指标、价格信息等，如图 1.1.4 所示。

计价方法	投资估算	工程概算	工程预算
	设备系数法	概算定额法	清单计价法
	生产能力指数法	概算指标法	定额计价法
	比例估算法	类似工程预算法	……
	……	……	

计价依据	定额	指标	价格信息
	按用途分类	投资估算指标	信息价
	概算定额	概算指标	市场价
	预算定额	含量指标	劳务分包价
	施工定额	投标价格指标	专业分包价
	按主编单位分类	成本价格指标	人工价格指数
	全统定额	……	……
	行业定额		
	地区定额		
	企业定额		

图 1.1.4 工程造价多样性

5. 复杂性：工程造价受建筑项目业态、建设规模、项目所在地、建设时间、结构类型、装修档次等因素的影响，这些因素使造价具有复杂性，如图 1.1.5 所示。

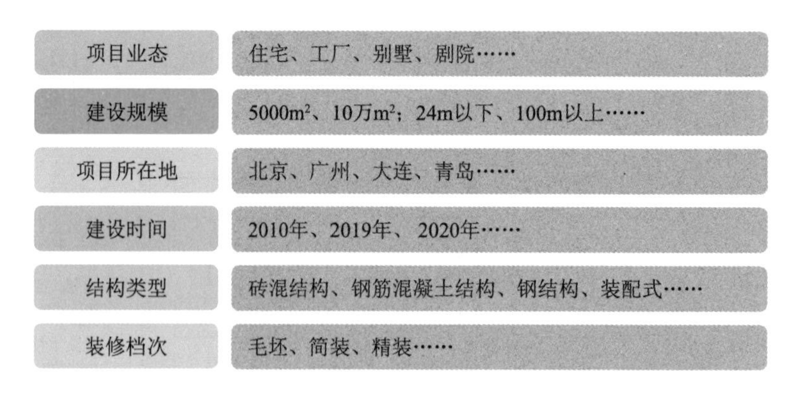

图 1.1.5 工程造价复杂性

1.2　工程造价构成

1.2.1　建筑安装工程费用项目组成

依据《建筑安装工程费用项目组成》，建筑安装工程费有两种构成方式：方式一，按费用构成要素划分（图 1.2.1）；方式二，按造价形成划分（图 1.2.2）。

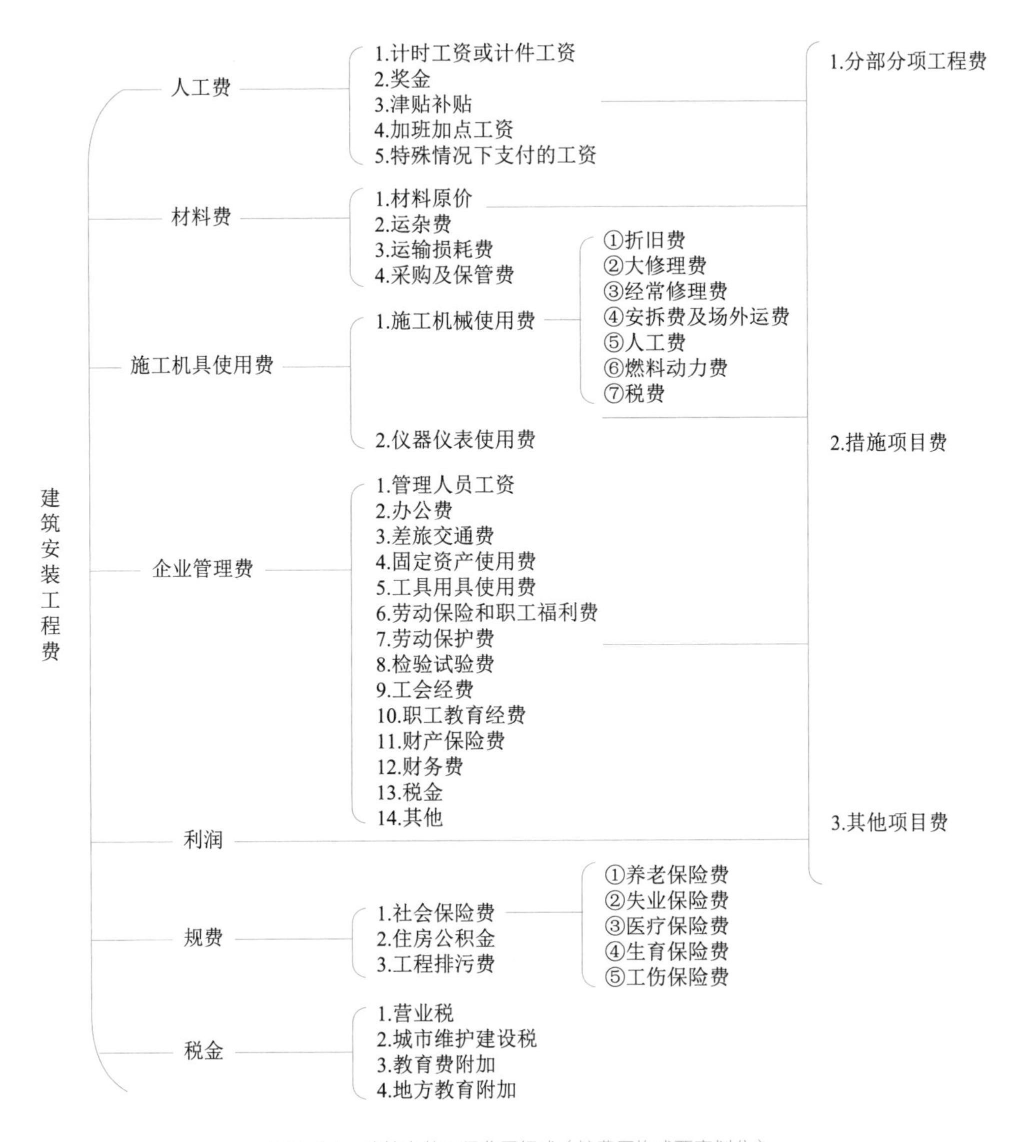

图 1.2.1　建筑安装工程费用组成（按费用构成要素划分）

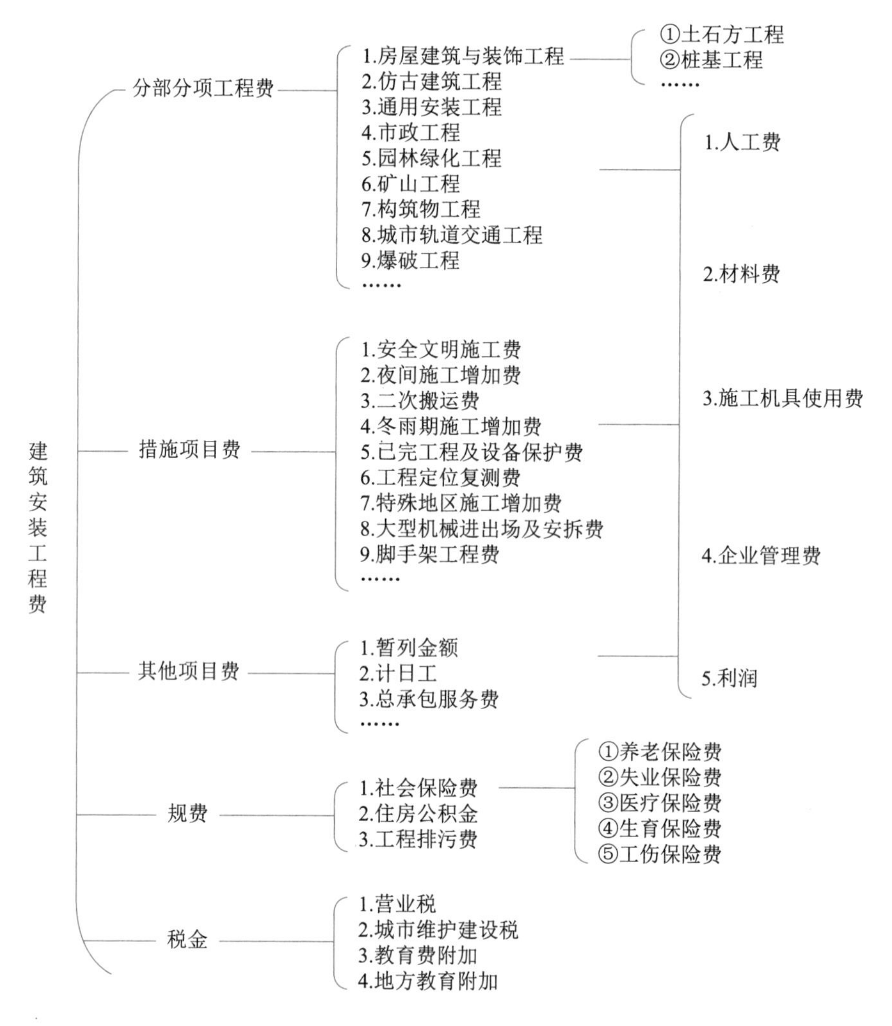

图 1.2.2 建设工程费用项目组成（按造价形成划分）

已发布文件在使用过程中也有一些变化，例如根据《关于停征排污费等行政事业性收费有关事项的通知》中的规定："自 2018 年 1 月 1 日起，在全国范围内统一停征排污费和海洋工程污水排污费。"《中华人民共和国环境保护税法》自 2018 年 1 月 1 日起施行。故工程费用项目组成中工程排污费按生态环境部门开具的票据按实发生结算。

根据《中华人民共和国增值税暂行条例》和《财政部 国家税务总局关于全面推开营业税改征增值税试点的通知》等有关规定，自 2016 年起开始在全国范围内推行营业税改征增值税。故税金中的营业税修改为增值税。

1.2.2 费用含义及计算

目前在编制最高投标限价及投标报价时大多按照方式二（按造价形成划分）进行，依据《建筑安装工程费用项目组成》，对方式二中各项费用含义进行阐述。

1. 分部分项工程费

分部分项工程费是指各专业工程的分部分项工程应予列支的各项费用。各类专业工程的分部分项工程划分遵循国家或行业工程量计算规范的规定。分部分项工程费通常用分部分项工程量乘以综合单价进行计算。

分部分项工程费＝Σ（分部分项工程量 × 综合单价）

综合单价＝人工费＋材料费＋施工机具使用费＋企业管理费＋利润＋一定范围的风险费用

（1）人工费：按工资总额构成规定，支付给从事建筑安装工程施工的生产工人和附属生产单位工人的各项费用。

人工费＝∑（工日消耗量 × 日工资单价）

预算定额中会列出相应定额子目的工日消耗量，日工资单价一般由政府相应职能部门定期发布。

（2）材料费：施工过程中耗费的原材料、辅助材料、构配件、零件、半成品或成品、工程设备的费用，以及周转材料等的摊销、租赁费用。包含建材从来源地运送到施工工地仓库直至出库所需的运杂费、运输损耗费、采购及保管费等。

1）材料费＝∑（材料消耗量 × 材料单价）

材料单价＝{（材料原价＋运杂费）×［1+运输损耗率（%）］}×［1+采购保管费费率（%）］

2）工程设备费＝∑（工程设备量 × 工程设备单价）

工程设备单价＝（设备原价＋运杂费）×［1+采购保管费费率（%）］

定额子目中会列出对应子目的材料及设备消耗量；材料及设备价格可以参考政府相应职能部门定期发布的信息价或者市场询价定价。

（3）机械费：施工作业所发生的施工机械、仪器仪表使用费或其租赁费。

1）施工机械使用费＝∑（施工机械台班消耗量 × 机械台班单价）

机械台班单价＝台班折旧费＋台班大修费＋台班经常修理费＋台班安拆费及场外运费＋台班人工费＋台班燃料动力费＋台班车船税费

2）仪器仪表使用费＝工程使用的仪器仪表摊销费＋维修费

预算定额中会列出相应定额子目的施工机械消耗量，机械台班单价一般由政府相应职能部门定期发布。

（4）企业管理费：建筑安装企业组织施工生产和经营管理所需的费用。包含管理人员工资、办公费、差旅交通费、固定资产使用费、工具用具使用费、劳动保险和职工福利费、劳动保护费、检验试验费、工会经费、职工教育经费、财产保险费、财务费、税金及其他费用。

一般采用取费基数乘以费率的方法计算，基数和费率一般会在当地费用定额中规定。

（5）利润：指施工企业完成所承包工程获得的盈利。

一般采用取费基数乘以费率的方法计算，基数和费率一般会在当地费用定额中规定。

2. 措施项目费

（1）措施项目费的构成

措施项目费是指为完成建设工程施工，发生于该工程施工前和施工过程中的技术、生活、安全、环境保护等方面的费用。措施项目费是非工程实体项目的费用。措施项目及其包含的内容应遵循各类专业工程的国家或行业现行工程量计算规范。依据《建设工程工程量清单计价规范》GB 50500—2013（简称 2013 清单计价规范），措施项目费可以归纳为以下几项：

1）安全文明施工费：是指工程项目施工期间，施工单位为保证安全施工、文明施工和保护现场内外环境等所发生的措施项目费用。通常是由环境保护费、文明施工费、安全施工费、临时设施费组成。

2）夜间施工增加费：是指因夜间施工所发生的夜班补助费、夜间施工降效、夜间施工照明设备摊销及照明用电等措施费用。

3）非夜间施工照明费：是指为保证工程施工正常进行，在地下室等特殊施工部位施工时所采用的照明设备的安拆、维护及照明用电等费用。

4）二次搬运费：是指因施工管理需要或因场地狭小等原因，导致建筑材料、设备等不能一次搬运到位，必须发生的二次或以上搬运所需的费用。

5）冬雨期施工增加费：是指因冬雨期天气原因导致施工效率降低、加大投入而增加的费用，以及为确保冬雨期施工质量和安全而采取的保温、防雨等措施所需的费用。

6）地上、地下设施、建筑物的临时保护设施费：是指在工程施工过程中，对已建成的地上、地下设施和建筑物进行的遮盖、封闭、隔离等必要保护措施所发生的费用。

7）已完工程及设备保护费：是指在竣工验收前，对已完工程及设备采取的覆盖、包裹、封闭、隔离等必要保护措施所发生的费用。

8）脚手架费：是指施工需要的各种脚手架搭、拆、运输费用以及脚手架购置费的摊销（或租赁）费用。

9）混凝土模板及支架（撑）费：是指在混凝土施工过程中需要的各种钢模板、木模板、支架等的支、拆、运输费用及模板、支架的摊销（或租赁）费用。

10）垂直运输费：是指现场所用材料、机具从地面运至相应高度以及职工人员上下工作面等所发生的运输费用。

11）超高施工增加费：当单层建筑物檐口高度超过 20m，多层建筑物超过 6 层时，可计算超高施工增加费。

12）大型机械设备进出场及安拆费：是指机械整体或分体自停放场地运至施工现场或由一个施工地点运至另一个施工地点，所发生的机械进出场运输和转移费用及机械在施工现场进行安装、拆卸所需的人工费、材料费、机具费、试运转费和安装所需的辅助设施的费用，该费用由安拆费和进出场费组成。

13）施工排水、降水费：是指将施工期间有碍施工作业和影响工程质量的水排到施工场地以外，以及防止在地下水位较高的地区开挖深基坑出现基坑浸水，地基承载力下降，在动水压力作用下还可能引起流砂、管涌和边坡失稳等现象而必须采取有效的降水和排水措施所发生的费用。该项费用由成井和排水、降水两个独立的费用项目组成。

14）其他：根据项目的专业特点或所在地区不同，可能会出现其他的措施项目。如工程定位复测费和特殊地区施工增加费等。

（2）措施项目费的计算

按照有关专业工程量计算规范规定，措施项目分为应予计量的措施项目和不宜计量的措施项目两类。

1）应予计量的措施项目。与分部分项工程费的计算方法基本相同，公式为：

措施项目费 =Σ（措施项目工程量 × 综合单价）

不同的措施项目其工程量的计算单位是不同的，分别如下：

①脚手架费通常按建筑面积或垂直投影面积以“m^2”计算。

②混凝土模板及支架（撑）费通常按照模板与现浇混凝土构件的接触面积以“m^2”计算。

③垂直运输费可根据不同情况用两种方法进行计算：按照建筑面积以“m^2”计算；按照施工工期日历天数以“天”计算。

④超高施工增加费通常按照建筑物超高部分的建筑面积以“m^2”计算。

⑤大型机械设备进出场及安拆费通常按照机械设备的使用数量以“台次”计算。

⑥施工排水、降水费分两个不同的独立部分计算：

A. 成井费用通常按照设计图示尺寸按钻孔深度以“m”计算；

B. 排水、降水费用通常按照排、降水日历天数以“昼夜”计算。

2）不宜计量的措施项目。对于不宜计量的措施项目，通常用计算基数乘以费率的方法予以计算。

①安全文明施工费。

计算公式为：安全文明施工费 = 计算基数 × 安全文明施工费费率（%）

计算基数应为定额基价（定额分部分项工程费 + 定额中可以计量的措施项目费）、定额人工费或定额人工费与施工机具使用费之和，其费率由工程造价管理机构根据各专业工程的特点综合确定。

②其余不宜计量的措施项目。

包括夜间施工增加费，非夜间施工照明费，二次搬运费，冬雨期施工增加费，地上、地下设施、建筑物的临时保护设施费，已完工程及设备保护费等。

计算公式为：措施项目费 = 计算基数 × 措施项目费费率（%）

公式中的计算基数应为定额人工费或定额人工费与定额施工机具使用费之和，其费率由工程造价管理机构根据各专业工程特点和调查资料综合分析后确定。

3. 其他项目费

（1）暂列金额

暂列金额是指建设单位在工程量清单中暂定并包括在工程合同价款中的一笔款项。用于施工合同签订时尚未确定或者不可预见的所需材料、工程设备、服务的采购，施工中可能发生的工程变更、合同约定调整因素出现时的工程价款调整以及发生的索赔、现场签证确认等的费用。

暂列金额是由建设单位根据工程特点，按有关计价规定估算，一般可以按分部分项工程费的 10%~15% 作为参考，施工过程中由建设单位掌握使用，扣除合同价款调整后如有余额，归建设单位。

（2）暂估价

暂估价是指招标人在工程量清单中提供的用于支付必然发生但暂时不能确定价格的材料、工程设备的单价以及专业工程的金额。

暂估价中的材料、工程设备暂估单价根据工程造价信息或参照市场价格估算，计入综合单价；专业工程暂估价分不同专业，按有关计价规定估算。暂估价在施工中按照合同约定加以调整。

暂列金额与暂估价区别：暂列金额与暂估价均由招标人确认，但暂列金额可能发生也可能不发生；但暂估价是必然发生的材料、工程设备或专业工程。

（3）计日工

计日工是指在施工过程中，施工单位完成建设单位提出的施工图纸以外的零星项目或工作，按照合同中约定的单价计价形成的费用。

（4）总承包服务费

总承包服务费是指总承包人为配合、协调建设单位进行的专业工程发包，对建设单位自行采购的材料、工程设备等进行保管以及施工现场管理、竣工资料汇总整理等服务所需的费用。

总承包服务费是由建设单位在最高投标限价中根据总包范围和有关计价规定编制，根据配合协调深度不同按分包工程暂估造价的 1.5% 计算、分包专业工程估算造价的 3%~5% 计算。

4. 规费和税金

规费和税金的构成及计算与按费用构成要素划分建筑安装工程费用项目组成（图 1.2.1）部分是相同的。

5. 工程造价汇总

以上费用计算完成后，工程造价 = 分部分项工程费 + 措施项目费 + 其他项目费 + 规费 + 税金。如图 1.2.3 所示。

序号	汇总内容	金额（元）	其中：暂估价（元）
1	分部分项工程		
2	措施项目		
2.1	其中：安全文明施工费		
3	其他项目		
3.1	其中：暂列金额		
3.2	其中：专业工程暂估价		
3.3	其中：计日工		
3.4	其中：总承包服务费		
4	规费		
5	税金		
工程造价合计=1+2+3+4+5			

图 1.2.3 工程造价汇总

1.3　招标投标业务概述

1.3.1　招标投标阶段常用术语

依据 2013 清单计价规范及《工程造价术语标准》GB/T 50875 —2013 总结招标投标阶段的常用术语，解释如下：

1. 工程量清单

载明建设工程分部分项工程项目、措施项目、其他项目的名称和相应数量、规费以及税金项目等内容的明细清单。

2. 招标工程量清单

招标人依据国家标准、招标文件、设计文件以及施工现场实际情况编制的，随招标文件发布供投标报价的工程量清单，包括其说明和表格。

3. 已标价工程量清单

构成合同文件组成部分的投标文件中已标明价格，经算术性错误修正（如有）且承包人已确认的工程量清单，包括其说明和表格。

4. 项目编码

分部分项工程和措施项目清单名称的阿拉伯数字标识。

5. 项目特征

构成分部分项工程项目、措施项目自身价值的本质特征。

6. 综合单价

完成一个规定清单项目所需的人工费、材料和工程设备费、施工机具使用费和企业管理费、利润以及一定范围内的风险费用。

7. 工程造价信息

工程造价管理机构根据调查和测算发布的建设工程人工、材料、工程设备、施工机械台班的价格信息，以及各类工程的造价指数、指标。

8. 工程造价指数

反映一定时期的工程造价相对于某一固定时期的工程造价变化程度的比值或比率。包括按单位工程或单项工程划分的造价指数，按工程造价构成要素划分的人工、材料、机械等价格指数。

9. 工程变更

合同工程实施过程中由发包人提出或由承包人提出经发包人批准的合同工程任何一项工作的增、减、取消或施工工艺、顺序、时间的改变；设计图纸的修改；施工条件的改变；招标工程量清单的错、漏从而引起合同条件的改变或工程量的增减变化。

10. 工程量偏差

承包人按照合同工程的图纸（含经发包人批准由承包人提供的图纸）实施，按照国家现行计量规范规定的工程量计算规则计算得到的完成合同工程项目应予计量的工程量与相应的招标工程量清单项目列出的工程量之间出现的量差。

11. 索赔

在工程合同履行过程中，合同当事人一方因非己方原因而遭受损失，按合同约定或法律法规规定承担责任，从而向对方提出补偿的要求。

12. 现场签证

发包人现场代表（或其授权的监理人、工程造价咨询人）与承包人现场代表就施工过程中涉及的责任事件所做的签认证明。

13. 提前竣工（赶工）费

承包人应发包人的要求而采取加快工程进度措施，使合同工程工期缩短，由此产生的应由发包人支付的费用。

14. 误期赔偿费

承包人未按照合同工程的计划进度施工，导致实际工期超过合同工期（包括经发包人批准的延长工期），承包人应向发包人赔偿损失的费用。

1.3.2　招标投标中有关造价方面的业务流程

招标投标阶段，招标方的业务流程：审图、答疑→计算工程量→编制工程量清单及最高投标限价→生成招标书→最高投标限价备案。

投标方的业务流程：响应招标文件要求→购买招标资料→核对工程量→提出图纸答疑→清单组价→调价→调整取费→策略性报价调整→生成投标文件。

招标投标业务流程如图 1.3.1 所示。

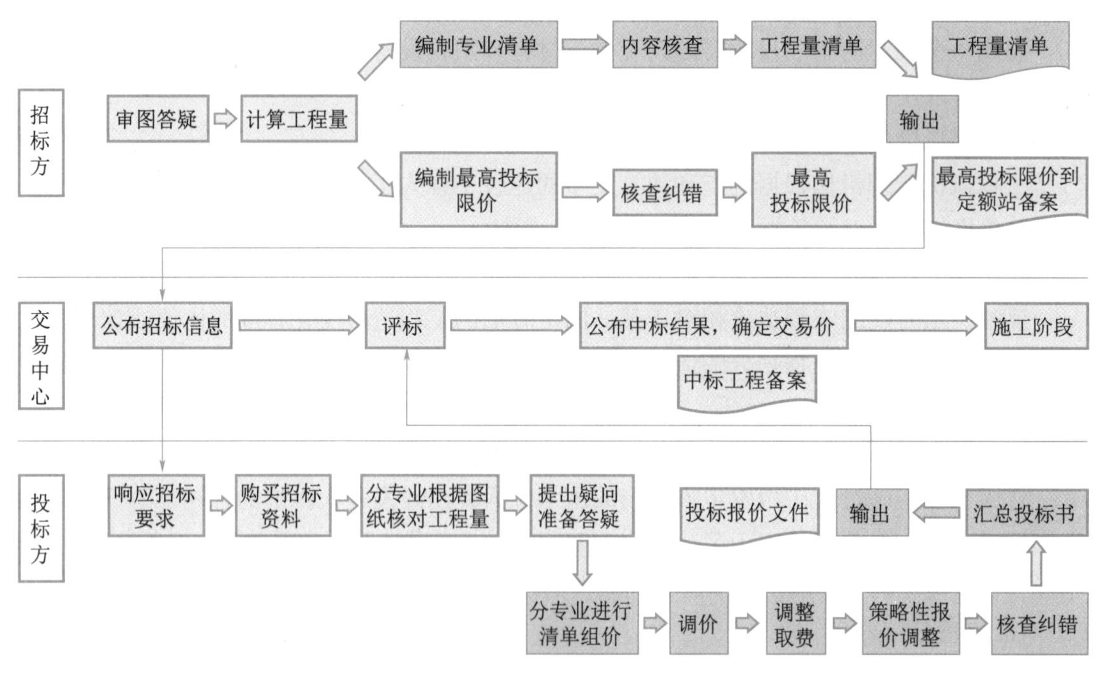

图 1.3.1　招标投标业务流程

1.3.3　编制依据

从招标投标业务流程中可以看到，在招标投标阶段中工程量清单、最高投标限价、投标报价的编制是招标投标过程中非常重要的环节，想要编制这些文件，需要明确编制依据，读懂招标文件内容和要求，调研建筑市场主材价格、劳务市场报价、拟投项目现场及周边具体环境情况等，做好编制工作准备。

1. 招标工程量清单的编制依据

招标工程量清单是招标人依据国家标准、招标文件、设计文件以及施工现场实际情况编制的，随招标文件发布、供投标人投标报价的工程量清单，包括说明和表格。编制招标工程量清单，应充分体现"实体净量""量价分离"和"风险分担"的原则。招标阶段由招标人或其委托的工程造价咨询人根据工程项目设计文件，编制招标工程项目的工程量清单，并将其作为招标文件的组成部分，招标人对工程量清单的准确性和完整性负责。投标人应结合企业自身实际，参考市场有关价格信息完成清单项目工程的组合报价，并对其投标报价承担一定的风险。

招标工程量清单的编制依据如下：

（1）《建设工程工程量清单计价规范》GB 50500—2013以及各专业工程量计算规范等。

（2）国家或省级、行业建设主管部门颁发的计价依据、标准和办法。

（3）建设工程设计文件及相关资料。

（4）与建设工程有关的标准、规范、技术资料。

（5）拟订的招标文件。

（6）施工现场情况、地勘水文资料、工程特点及常规施工方案。

（7）其他相关资料。

2. 最高投标限价的编制依据

最高投标限价（又称招标控制价）是指根据国家或省级建设行政主管部门颁发的有关计价依据和办法，依据拟订的招标文件和招标工程量清单，结合工程具体情况发布的招标工程的最高投标限价。

最高投标限价的编制依据如下：

（1）《建设工程工程量清单计价规范》GB 50500—2013以及各专业工程量计算规范等。

（2）国家或省级、行业建设主管部门颁发的计价依据、标准和办法。

（3）建设工程设计文件及相关资料。

（4）拟定的招标文件及招标工程量清单。

（5）与建设项目相关的标准、规范、技术资料。

（6）施工现场情况、工程特点及常规施工方案。

（7）工程造价管理机构发布的工程造价信息，工程造价信息没有发布的，参照市场价。

（8）其他相关资料。

3. 投标报价的编制依据

投标报价是投标人根据招标文件编制，希望达成工程承包交易的价格，既不能高于最高投标限价（若报价高于最高投标限价其报价视为无效报价），但也不能低于最高投标限价要求的下浮值（其报价视为无效报价），投标报价既要保证有合理的利润空间，还要具有一定的竞争性。投标报价既要结合拟投标项目施工方案，也要考虑所采用的合同形式及招标文件的评标方式。

投标报价的编制依据如下：

（1）《建设工程工程量清单计价规范》GB 50500—2013 与工程量计算规范。

（2）企业定额。

（3）国家或省级、行业建设主管部门颁发的计价依据、标准和办法。

（4）招标文件、工程量清单及其补充通知、答疑纪要。

（5）建设工程设计文件及相关资料。

（6）施工现场情况、工程特点及投标时拟订的施工组织设计或施工方案。

（7）与建设项目相关的标准、规范等技术资料。

（8）市场价格信息或工程造价管理机构发布的工程造价信息。

（9）其他相关资料。

1.4 工程造价计价方法

1.4.1 定额计价

1. 定额的概念

工程建设定额是在一定生产力水平下，完成规定计量单位的合格建筑安装工程所消耗的人工、材料、施工机具台班、工期天数及相关费率等的数量标准。这种数量关系体现出正常施工条件、合理的施工组织设计、合格产品下各种生产要素消耗的社会平均合理水平。

2. 定额的分类

（1）按定额反映的生产要素消耗内容分类：劳动定额、材料消耗定额、机械台班消耗定额。

（2）按定额的编制程序和用途分类：施工定额、预算定额、概算定额、概算指标、投资估算指标。

（3）按定额编制单位和执行范围分类：全国统一定额、地区统一定额、行业定额、企业定额、补充定额。

（4）按投资的费用性质（专业）分类：建筑工程定额、设备安装工程定额、建筑安装工程费用定额、工程建设其他费用定额。

3. 定额子目构成要素

以某省预算定额为例，一般分为建筑工程、装饰装修工程、市政工程、安装工程、园林及仿古建筑、房屋修缮等专业计价定额，除各专业计价定额外还包括费用定额、人材机表、配比材料表、机械台班表、配套计价办法、后期政府颁发的相关文件和补充定额等。

专业计价定额中包含总说明、章节说明、措施项目、各章节定额子目等内容。

定额子目的构成要素包含：

（1）定额子目（名称、编码、单位、定额基价）。

（2）工程量计算规则。

（3）人工费、材料费、机械费……

（4）人材机消耗量。

（5）人材机单价。

（6）工作内容和附注等。

定额示例如图 1.4.1 所示。

				单位：100株
项目编码				4-2-1
项目				砍伐乔木干径≤10cm运距1km以内
基价（元）				974.35
其中	人工费（元）			374.03
	材料费（元）			165.02
	机械费（元）			435.3
名称		单位	单价	数量
人工	普工	工日	113.00	3.31
材料	汽油（综合）	kg	8.28	19.93
机械	载重汽车	台班	448.76	0.97
	经常修理费	元	1	39.613
	人工	工日	141	1.04
	柴油	kg	6.92	32.19
	大修理费	元	1	6.738
	折旧费	元	1	33.017

图 1.4.1　定额示例

1.4.2　清单计价

1. 清单现行标准

清单现行标准主要以 2013 清单计价规范为主，2013 清单计价规范包含 9 本计量规范和 1 本计价规范。9 本计量规范分为 9 个专业，分别为房屋建筑与装饰工程、仿古建筑工程、通用安装工程、市政工程、园林绿化工程、矿山工程、构筑物工程、城市轨道交通工程、爆破工程。

2. 工程量清单基本原则

（1）适用范围：用于建设工程发承包及实施阶段的计价活动。使用国有资金投资的建设工程发承包，必须采用工程量清单计价。

（2）编制目的与依据：为规范建设工程造价计价行为，统一建设工程计价文件的编制原则和计价方法，根据《中华人民共和国民法典》《中华人民共和国建筑法》《中华人民共和国招标投标法》等法律法规制定。

（3）编制人员要求：招标工程量清单、最高投标限价、投标报价、工程计量、合同价款调整、合同价款结算与支付以及工程造价鉴定等工程造价文件的编制与核对，应由具有专业资格的工程造价人员承担。

（4）造价原则：建设工程发承包及实施阶段的计价活动应遵循客观、公正、公平的原则。

（5）价格的构成：建设工程发承包及实施阶段的工程造价应由分部分项工程费、措施项目费、其他项目费、规费和税金组成。

3. 工程量清单要素

工程量清单是指载明建设工程分部分项工程项目、措施项目、其他项目的名称和相应数量以及规费、税金项目等内容的明细清单。

分部分项工程项目清单必须载明项目编码、项目名称、项目特征、计量单位和工程量，这五个要素即为清单五要素（图 1.4.2），清单示例如图 1.4.3 所示。

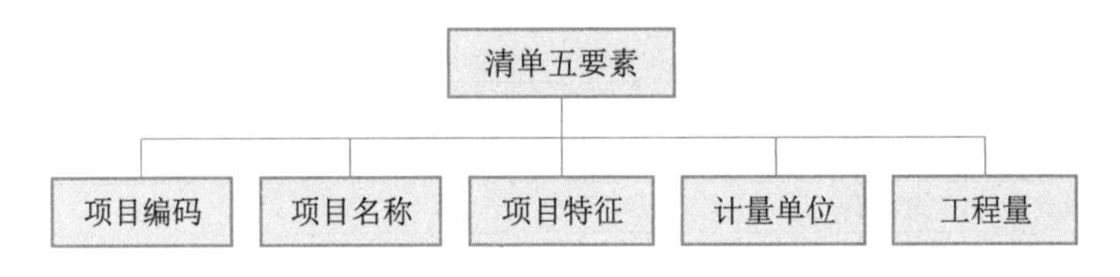

图 1.4.2　清单五要素

附录E　园林绿化工程工程量清单项目及计算规则

E.1绿化工程

E.1.1 绿地整理。工程量清单项目设置及工程量计算规则，应按表E.1. 1的规定执行。

表E.1.1绿地整理（编码：050101）

项目编码	项目名称	项目特征	计量单位	工程量计算规则	工程内容
050101001	伐树、挖树根	树干胸径	株	按数量计算	1.伐树、挖树根 2.废弃物运输 3.场地清理
050101002	砍挖灌木丛	丛高	株（株丛）		1.灌木砍挖 2.废弃物运输 3.场地清理
050101003	挖竹根	根盘直径			1.砍挖竹根 2.废弃物运输 3.场地清理

图 1.4.3　清单示例

（1）项目编码

项目编码，应采用 12 位阿拉伯数字表示，1 至 9 位应按附录规定设置，10 至 12 位应根据拟建工程的工程量清单项目名称和项目特征设置，同一招标工程的项目编码不得重码。

清单规范中给出 9 位编码（图 1.4.3），前两位为专业工程代码，附录 A 建筑工程为 01、附录 B 装饰装修工程为 02、附录 C 安装工程为 03、附录 D 市政工程为 04、附录 E 园林绿化工程为 05；第三四位对应专业的附录分类顺序码，例如 0103 为附录 A 的第三章"砌筑工程"，0501 为附录 E 的第一章"绿化工程"，预算软件中对应章的顺序；第五六位对应分部工程顺序码，例如 050101 对应的是附录 E 的第一章第一节 E.1.1 绿地整理，预算软件中对应节的顺序；七八九位对应分项工程项目名称顺序码，例如 050101001 为伐树、挖树根；最后三位是清单项目名称顺序码，由工程清单编制人自行确认，项目编码示例如图 1.4.4 所示。

补充项目编码由本项目规范的代码与 B 和 3 位阿拉伯数字组成，从 001 起顺序编制，同一招标项目不得重码。补充项目清单需附有补充项目的名称、项目特征、计量单位、工程量计算规则、工作内容。

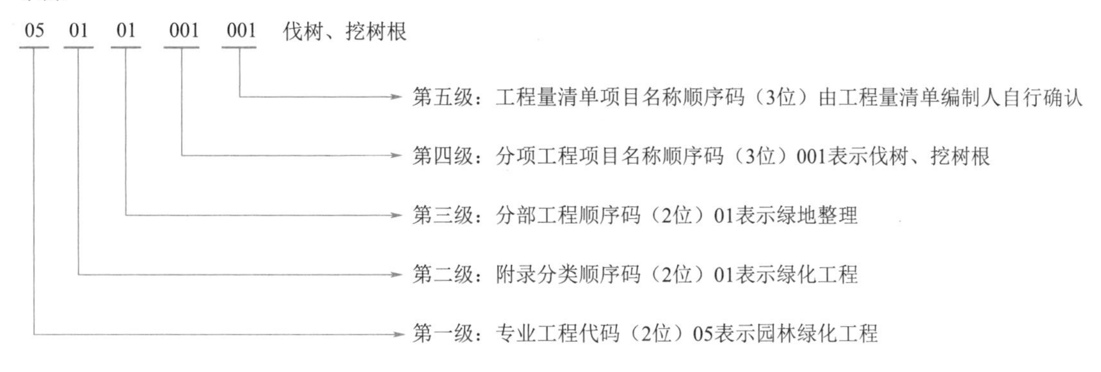

图 1.4.4 项目编码示例

（2）项目名称

清单的项目名称应按照各专业工程量清单计算规范附录的项目名称结合拟建工程的实际确定。常见的项目名称修改方式：通过增加项目的规格、型号、材质等特征要求，使工程量清单项目名称具体化、细化，能够反映影响工程造价的主要因素，项目名称修改示例如图 1.4.5 所示。

050102001001	栽植乔木
010515001001	现浇构件钢筋

→

050102001001	栽植乔木油松
010515001001	现浇构件钢筋，三级螺纹钢，直径20mm以内

图 1.4.5 项目名称修改示例

（3）项目特征

构成分部分项工程项目、措施项目自身价值的本质特征。

项目特征是用来表示项目名称的实质性内容，直接影响项目组价内容和费用构成。项目特征描述依据规范、设计图纸、标准图集、现场实际情况，按照结构类型、使用部位、规格型号、材质要求、安装部位等，要具体说明和详细表述。实际工作中，由于不同编制人对同一项目的认知不同，导致项目特征描述不同，后期组价也不同。

项目特征的价值：是确定一个清单项目综合单价不可缺少的重要依据；是区分清单项目的依据；是履行合同义务的基础。

项目特征示例如图 1.4.6 所示。

编码	类别	名称	项目特征	单位
⊟		整个项目		
⊞ 050102001001	项	栽植乔木油松	1.种类：乔木油松 2.胸径或干径：6cm 3.株高、冠径：150cm 4.裸根种植 5.养护期：一年	株
⊟ 050102008001	项	栽植花卉牡丹	1.花卉种类：牡丹 2.两年生苗 3.养护期：一年	m²

图 1.4.6 项目特征示例

（4）计量单位

计量单位采用基本单位，除各专业另有特殊规定外，均按以下单位计量：

1）以重量计算的项目为“t”或“kg”，保留小数点后三位。

2）以体积计算的项目为“m^3”，保留小数点后两位。

3）以面积计算的项目为“m^2”，保留小数点后两位。

4）以长度计算的项目为“m”，保留小数点后两位。

5）以自然计量单位计算的项目为个、套、块、樘、组、台等，应取整数。

6）没有具体数量的项目为系统、项等，应取整数。

注：计量规范附录中规定，有两个或两个以上计量单位的，应结合拟建工程项目的实际情况，确定其中一个作为计量单位，同一工程项目的计量单位应一致。多个单位示例如图 1.4.7 所示。

050102008	栽植花卉	1.花卉种类 2.养护期	株/m^2	按设计图示数量或面积计算
050102009	栽植水生植物	1.植物种类 2.养护期	丛/m^2	

图 1.4.7　多个单位示例

（5）工程量

工程量是指通过工程量计算规则计算得到的具体数值。

工程量应以承包人完成合同工程且应予计量的工程数量确定。工程数量应按照相关工程国家现行工程量计算标准或发承包双方约定的工程量计算规则计算。

投标人投标报价时，应在综合单价中考虑施工中的各种损耗和需要增加的工程量。

（6）工程内容

工程内容是指完成该清单项目可能发生的具体工程，可供招标人确定清单项目和投标人报价参考。

项目特征与工程内容的区别：

项目特征必须描述，因为描述的是工程项目的自身价值、实质特征，项目特征描述直接影响工程价格。工程内容主要描述的是施工工艺、工序等施工操作程序，二者相辅相成。

1.4.3　清单计价与定额计价的区别及联系

定额计价是计划经济时代的产物，以政府建设行政主管部门发布的消耗量（计价）定额和单位估价表等为依据进行工程造价。但随着市场经济的发展，定额计价不能准确反映各企业实际消耗量。建设部在 2000 年先后在广东、吉林、天津等地实施工程量清单计价，进行三年试点，并于 2003 年发布《建设工程工程量清单计价规范》GB 50500—2003，在全国实施工程量清单计价模式，由定额计价模式向清单计价模式过渡，清单发展历程如图 1.4.8 所示。

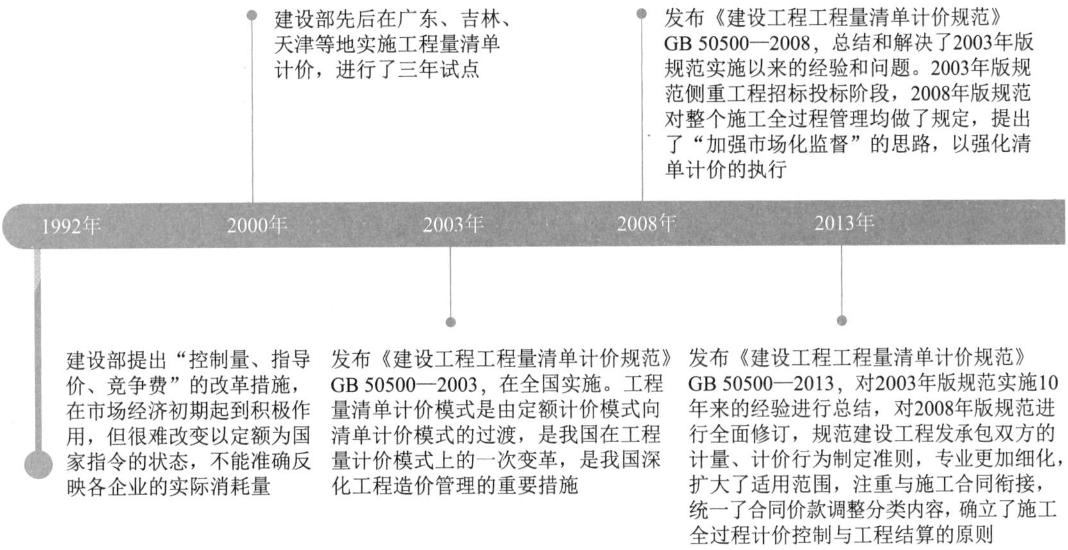

1992年　2000年　2003年　2008年　2013年

1992年：建设部提出“控制量、指导价、竞争费”的改革措施，在市场经济初期起到积极作用，但很难改变以定额为国家指令的状态，不能准确反映各企业的实际消耗量

2000年：建设部先后在广东、吉林、天津等地实施工程量清单计价，进行了三年试点

2003年：发布《建设工程工程量清单计价规范》GB 50500—2003，在全国实施。工程量清单计价模式是由定额计价模式向清单计价模式的过渡，是我国在工程量计价模式上的一次变革，是我国深化工程造价管理的重要措施

2008年：发布《建设工程工程量清单计价规范》GB 50500—2008，总结和解决了2003年版规范实施以来的经验和问题。2003年版规范侧重工程招标投标阶段，2008年版规范对整个施工全过程管理均做了规定，提出了“加强市场化监督”的思路，以强化清单计价的执行

2013年：发布《建设工程工程量清单计价规范》GB 50500—2013，对2003年版规范实施10年来的经验进行总结，对2008年版规范进行全面修订，规范建设工程发承包双方的计量、计价行为制定准则，专业更加细化，扩大了适用范围，注重与施工合同衔接，统一了合同价款调整分类内容，确立了施工全过程计价控制与工程结算的原则

图 1.4.8　清单发展历程

目前我国工程计价模式实行“双轨制”，随着市场化改革的不断深入，清单计价已成为主要的工程造价计价方式。《住房和城乡建设部办公厅关于印发工程造价改革工作方案的通知》（建办标〔2020〕38 号）中亦提出逐步取消最高投标限价按定额计价的规定。

定额计价与清单计价的区别如下：

1. 定价理念不同

（1）定额按工程造价管理机构发布的有关规定及定额中的基价定价。

（2）清单按照清单的要求，企业自主报价，竞争形成价格，反映的是市场决定价格。

2. 计价依据不同

（1）定额计价的计价依据为政府建设行政主管部门发布的消耗量（计价）定额和单位估价表。

（2）清单计价的计价依据主要为现行国家标准《建设工程工程量清单计价规范》GB 50500 及企业定额等。

3. 列项方式不同

（1）定额计价只列定额项（图 1.4.9），现行预算定额的内容一般是按施工工序、工艺进行设置的，定额项目包括的工程内容一般是单一的。

（2）清单计价既要列清单项（清单的完整性和准确性由招标人负责），还要列定额项（最高投标限价、投标报价），工程量清单项目的设置是以一个“综合实体”考虑的，“综合实体”一般包括多个子目工程内容，如图 1.4.10 所示。

4. 工程量计算要求不同

（1）定额计价只需计算定额工程量。定额工程量一般包括实体工程中实际用量和损耗量，依据各省市定额计算规则计算；

（2）清单计价需要计算清单工程量和对应子目的定额工程量。清单工程量一般是指工程实体消耗的实际用量，依据清单工程量计算规则计算。

造价分析 | 工程概况 | 取费设置 | 预算书 | 人材机汇总 | 费用汇总

	编码	类别	名称	专业	单位	工程量表达式	工程量	单价	合价
	−		整个项目						15719.67
1	+ 4-2-384	定	栽植带土球乔木 胸径≤28cm/地径≤32cm	园林	10株	18	1.8	7799.17	14038.51
2	4-2-584	定	落叶乔木养护 胸径≤32cm/干径≤35cm	园林	10株···	18	1.8	126.58	227.84
3	4-2-584 *0.7	换	落叶乔木养护 胸径≤32cm/干径≤35cm 单价*0.7	园林	10株/月	36	3.6	88.59	318.92
4	4-2-584 *0.4	换	落叶乔木养护 胸径≤32cm/干径≤35cm 单价*0.4	园林	10株/月	54	5.4	50.65	273.51
5	4-2-584 *0.3	换	落叶乔木养护 胸径≤32cm/干径≤35cm 单价*0.3	园林	10株/月	108	10.8	37.98	410.18
6	+ 4-2-377	定	栽植带土球乔木 胸径≤10cm/地径≤12cm	园林	10株	4	0.4	863.15	345.26
7	4-2-580	定	落叶乔木养护 胸径≤10cm/干径≤12cm	园林	10株···	4	0.4	48.8	19.52
8	4-2-580 *0.7	换	落叶乔木养护 胸径≤10cm/干径≤12cm 单价*0.7	园林	10株/月	8	0.8	34.16	27.33
9	4-2-580 *0.4	换	落叶乔木养护 胸径≤10cm/干径≤12cm 单价*0.4	园林	10株/月	12	1.2	19.53	23.44
10	4-2-580 *0.3	换	落叶乔木养护 胸径≤10cm/干径≤12cm 单价*0.3	园林	10株/月	24	2.4	14.65	35.16

图 1.4.9 定额计价预算书

造价分析 | 工程概况 | 取费设置 | 分部分项 | 措施项目 | 其他项目 | 人材机汇总 | 费用汇总

整个项目

	编码	类别	名称	项目特征	单位	工程量表达式	工程量	综合单价	综合合价
	−		整个项目						163866.94
B1	− E.1	部	绿化工程						163866.94
1	− 050102001001	项	栽植乔木栾树	1.种类:乔木栾树 2.胸径或干径:D≤25cm 3.带土球种植 4.养护期:一年	株	18	18	8966.67	161400.06
	+ 4-2-384	定	栽植带土球乔木 胸径≤28cm/地径≤32cm		10株	QDL	1.8	88800.41	159840.74
	4-2-584	定	落叶乔木养护 胸径≤32cm/干径≤35cm		10株···	QDL	1.8	160.39	288.7
	4-2-584 *0.7	换	落叶乔木养护 胸径≤32cm/干径≤35cm 单价*0.7		10株/月	QDL*2	3.6	112.27	404.17
	4-2-584 *0.4	换	落叶乔木养护 胸径≤32cm/干径≤35cm 单价*0.4		10株/月	QDL*3	5.4	64.17	346.52
	4-2-584 *0.3	换	落叶乔木养护 胸径≤32cm/干径≤35cm 单价*0.3		10株/月	QDL*6	10.8	48.13	519.8

工料机显示 | 单价构成 | 标准换算 | 换算信息 | 安装费用 | 特征及内容 | 组价方案 | 工程量明细 | 反查图形工程量 | 说明信息

	序号	费用代号	名称	计算基数	基数说明	费率(%)	单价	合价	费用类别	备注
2	1	A1	人工费	RGF	人工费		6102.65	10984.77	人工费	
3	2	A2	材料费	CLF	材料费		54.32	97.78	材料费	
4	3	A3	主材费	ZCF	主材费		78780	141804	主材费	
5	4	A4	设备费	SBF	设备费		0	0	设备费	
6	5	A5	施工机具使用费	JXF	机械费		1642.21	2955.98	机械费	
7	二	B	企业管理费	RGF_YSJ+JXF_YSJ	人工费_预算价+机械费_预算价	16.56	1282.55	2308.59	管理费	
8	三	C	施工利润	RGF_YSJ+JXF_YSJ	人工费_预算价+机械费_预算价	12.12	938.68	1689.62	利润	
9	四	D	材料风险	CLF	材料费	0	0	0	材料风险	
10	五	E	机械风险	JXF	机械费	0	0	0	机械风险	
11	六	F	综合单价	A + B + C + D + E	直接费+企业管理费+施工利润+材料风险+机械风险		88800.41	159840.74	工程造价	

图 1.4.10 清单计价分部分项

5. 单价形式不同

（1）定额计价采用定额子目基价，定额子目基价只包括定额编制时期的直接工程费，即人工费、材料费、机械费，并不包括利润和各种风险因素带来的影响。

定额计价的人工、材料、机械消耗量按当地建筑工程造价管理站编制综合定额标准计算，综合定额标准按当地社会平均水平编制。

计价软件中定额计价的预算书界面只计算定额基价（计价定额子目基价），如图 1.4.9 所示。

（2）清单计价采用综合单价，清单综合单价包括人工费、材料费、机械费、管理费和利润，且各项费用均由投标人根据企业自身情况和考虑各种风险因素自行编制。

工程量清单计价的人工、材料、机械消耗量是由投标人根据企业的自身情况或企业定额自行确定，它真正反映企业的自身水平。

计价软件中清单计价的分部分项界面综合单价包含人工费、材料费、机械费、企业管理费、利润及风险，如图 1.4.10 所示。

6. 费用内容不同

（1）定额计价价款：包括直接工程费（定额基价）、措施项目费、其他项目费、企业管理费、利润、规费和税金（图 1.4.11），而直接工程费（定额基价）是指为完成“综合定额”分部分项工程所需的人工费、材料费、机械费。定额基价是综合定额价，没有反映企业的真正水平，也没有考虑风险因素。

定额计价价差调整：定额是按工程发承包双方约定的价格与定额材料价格对比，调整的价差在费用汇总中统一计算，如图 1.4.11 所示。

造价分析　工程概况　取费设置　预算书　人材机汇总　费用汇总

	序号	费用代号	名称	计算基数	基数说明	费率(%)	金额
1	1	A	定额基价	A1+A2+A3+A4	人工费+材料费+施工机具使用费+未计价材料		159,414.37
2	1.1	A1	人工费	RGF	人工费		12,453.93
3	1.2	A2	材料费	CLF	材料费		195.47
4	1.3	A3	施工机具使用费	JXF	机械费		3,070.25
5	1.4	A4	未计价材料	ZCF+SBF	主材费+设备费		143,694.72
6	2	B	措施项目费	A1+A3	人工费+施工机具使用费	13.78	2,139.23
7	2.1	B1	其中：安全文明措施费（四项措施费）	A1+A3	人工费+施工机具使用费	7.73	1,200.02
8	3	C	其他项目费（政策允许按实计算费用）	C1+C2+C3+C4	人工费调整+材料费价差+按实计算费用+其他		0.00
9	3.1	C1	人工费调整				0.00
10	3.2	C2	材料费价差	RGJC+CLJC+ZCJC+SBJC+JXJC	人工价差+材料价差+主材价差+设备价差+机械价差		0.00
11	3.3	C3	按实计算费用				0.00
12	3.4	C4	其他				0.00
13	4	D	企业管理费	A1+A3	人工费+施工机具使用费	16.56	2,570.80
14	5	E	施工利润	A1+A3	人工费+施工机具使用费	12.12	1,881.53
15	6	F	税前建筑工程费	A+B+C+D+E	定额基价+措施项目费+其他项目费（政策允许按实计算费用）+企业管理费+施工利润		166,005.93
16	7	G	税金	F	税前建筑工程费	9	14,940.53
17	8	H	税后建筑工程费	F+G	税前建筑工程费+税金		180,946.46
18	9	I	工程总造价	H	税后建筑工程费		180,946.46

图 1.4.11　定额计价费用汇总

（2）清单计价价款：是指完成招标文件规定的工程量清单项目所需的全部费用，包括分部分项工程费、措施项目费、其他项目费、规费和税金，部分示意如图 1.4.12 所示。

清单计价价差调整：清单按工程发承包双方约定的价格直接计算综合单价，如分部分项工程项目清单综合单价中材料费就按约定价格计算。

造价分析　工程概况　取费设置　分部分项　措施项目　其他项目　人材机汇总　费用汇总

	序号	费用代号	名称	计算基数	基数说明	费率(%)	金额
1	1	A	分部分项工程项目	FBFXHJ	分部分项合计		163,866.94
2	2	B	措施项目	CSXMHJ	措施项目合计		2,139.22
3	2.1	B1	单价措施项目	DJCSF	单价措施项目合计		0.00
4	2.2	B2	总价措施项目	ZJCSF	总价措施项目合计		2,139.22
5	2.2.1	B21	其中：安全文明措施费	AQWMCSF	安全文明措施费		1,200.02
6	3	C	其他项目	QTXMHJ	其他项目合计		0.00
7	3.1	C1	暂列金额	ZLJE	暂列金额		0.00
8	3.2	C2	专业工程暂估价	ZYGCZGJ	专业工程暂估价		0.00
9	3.3	C3	计日工	JRG	计日工		0.00
10	3.4	C4	总承包服务费	ZCBFWF	总承包服务费		0.00
11	3.5	C5	索赔与现场签证	SPYXCQZ	索赔与现场签证		0.00
12	4	D	税金	A+B+C	分部分项工程项目+措施项目+其他项目	9	14,940.55
13	5	E	工程造价	A+B+C+D	分部分项工程项目+措施项目+其他项目+税金		180,946.71

图 1.4.12　清单计价费用汇总

7. 编制步骤不同

（1）定额计价：招标人只负责编写招标文件，不设置工程项目内容，也不计算工程量。工程计价的子目和相应的工程量由投标人根据招标文件确定。投标人编制步骤为“读图→列项→算量→套价→计费”。

（2）清单计价：招标人必须设置清单项目并计算清单工程量，清晰完整地描述清单项目的特征和包括的工程内容，清单完整性及正确性由招标人负责。投标人主要复核清单工程量，进行清单组价报价，因此投标人编制步骤为“读图及清单（工程量复核）→清单组价：列定额项、算定额量、计算综合单价→计费”。

8. 表达形式不同

（1）定额计价的主要表格包含建安工程费汇总表、直接工程费汇总表、措施项目费汇总表、措施项目明细表、其他项目计价表等。

（2）清单计价的主要表格包含单位工程招标控制价汇总表、分部分项工程量清单与计价表、措施项目清单与计价表、综合单价分析表、措施项目分析表等。

综上所述，定额计价与清单计价的区别如图 1.4.13 所示。

区别	定额计价	清单计价
定价理念不同	政府定价	企业自主报价 竞争形成价格
计价依据不同	政府建设行政主管部门发布的消耗量（计价）定额和单位估价表	现行国家标准《建设工程工程量清单计价规范》GB 50500 企业定额
列项方式不同	只列定额项	既要列清单项，又要列定额项
工程量计算不同	只计算定额量	既要计算清单量，又要计算定额量
单价形式不同	直接工程费单价：人工费 材料费 机械费	综合单价：人工费 材料和工程设备费 施工机具使用费 企业管理费 利润和风险费
费用内容不同	（1）直接工程费 （2）管理费 （3）利润 （4）措施项目费 （5）其他项目费 （6）规费 （7）税金	（1）分部分项工程费 （2）措施项目费 （3）其他项目费 （4）规费 （5）税金
投标人编制步骤不同	读图→列项→算量→套价→计费	（1）读图及读清单 （2）清单组价：列定额项、算定额量、计算综合单价 （3）计费
表格形式不同	主要表格为： （1）建安工程费用汇总表 （2）直接工程费计算表 （3）措施项目费汇总表 （4）措施项目明细表 （5）其他项目计价表	主要表格为： （1）单位工程招标控制价汇总表 （2）分部分项工程量清单与计价表 （3）措施项目清单与计价表 （4）综合单价分析表 （5）措施项目分析表

图 1.4.13　定额计价与清单计价的区别

第 2 章　园林绿化工程基础知识

2.1　园林绿化工程术语解释

2.1.1　园林绿化工程基本概念

园林绿化工程：是指新建、改建、扩建公园绿地、防护绿地、广场用地、附属绿地、区域绿地以及对城市生态和景观影响较大建设项目的配套绿化。主要包括园林绿化植物栽植、地形整理、园林设施设备安装及园林建筑、小品、花坛、园路、水系、喷泉、假山、雕塑、绿地广场、驳岸、园林景观桥梁等。

绿化养护：是指对绿地内植物采取的整形修剪、松土除草、灌溉与排水、施肥、有害生物防治、改植与补植、绿地防护（如防台风、防寒）等技术措施。

2.1.2　常见苗木术语解释

乔木：一般将乔木称为树，有明显的直立主干，植株高大，分枝距离地面较高，可以形成树干。乔木的树体高度通常在 6m 以上，主干明显。乔木分为常绿乔木和落叶乔木。常见乔木有松树、龙柏、马尾松、桧柏、苏铁、柳杉、垂柳、枫杨、龙爪槐、槐树、梧桐、国槐、合欢、银杏、梓树等。

灌木：没有明显主干的木本植物，从地面开始丛生出横生的树干，高度一般不会超过 6m。灌木分成花灌木和普通灌木。常见灌木有玫瑰、杜鹃、牡丹、紫叶小檗、黄杨、沙地柏、连翘、月季、沙柳、金丝桃、含笑、六月雪、南天竹、法国冬青、金叶榆、小叶女贞、人参果等。

露地花卉：适应能力较强，能在自然条件下露地栽培应用的一类花卉。

草本花卉：从外形上看没有主茎、虽有主茎但没有木质化、仅有株体基部木质化的花卉。按其生育期长短不同，可分为一年生、二年生和多年生三种。

球根、块根花卉：多年生草本花卉中的非须根类、变态茎类，其地下根部为粗壮的内质根或肥大块状。变态茎类地下部分为适应生存需要，变态成为鳞茎盘根、由鳞叶包裹成球形或成为球形、不规则块茎等。

宿根花卉：植株地下部分可以宿存于土壤中越冬，翌年春天地下部分又可以萌发生长、开花结籽的多年生草本花卉。

地被植物：用于覆盖地面密集、低矮、无主枝干的植物。

水生植物：不适应旱地栽培，需要生活在水中的植物。

冷季型草坪：耐高温能力差，耐寒性较强，在南方越夏较困难。最适宜生长温度为 15~20℃，在部分地区冬季呈常绿状态或休眠状态。

暖季型草坪：冬季呈休眠状态，早春开始返青，复苏后生长旺盛，最适宜生长温度为

26~32℃的草坪。

满铺草坪：将草皮切成一定长、宽、厚的草皮条，以1~2cm的间距临块接缝错开，铺设于场地内的草坪。

散铺草坪：将草皮切成长方形的草皮块，按3~6cm间距或梅花式相间排列的方式，铺设于场地内的草坪。

攀缘植物：能缠绕或依靠附属器官攀附他物向上生长的植物。

丛生竹：聚集在一处生长的竹类。

绿篱：用园林植物成行紧密种植而成的篱笆。

古树名木：树龄在100年以上，珍贵稀有，具有历史、文化、科研价值或重要纪念意义的树木统称。

大规格树木：胸径大于20cm的落叶乔木和胸径大于15cm的常绿乔木。

实生苗：用种子播种繁殖培育而成的苗木。

嫁接苗：用嫁接方法培育而成的苗木。

独本苗：地面到冠丛只有一个主干的苗木。

散本苗：根颈以上分生出数个主干的苗木。

丛生苗：地下部（根颈以下）生长出数根主干的苗木。

2.1.3 苗木规格术语解释

苗木高度：常以“*H*”表示，一般是指苗木自地面至最高生长点之间的垂直距离。需要注意的是，不同苗木“*H*”表示的含义不同，比如乔木类“*H*”表示株高，而棕榈类“*H*”表示裸干高。

定干高度：是指乔木自地面至树冠分支处（即第一个分支点）的高度。

枝下高：是指乔木自地面至第一个树枝的树干高度。

蓬径：常以“*P*”表示，是指灌木、灌丛垂直投影面的直径。如蓬径为35cm的海桐，可简写为“海桐 *P* 35”。

冠幅：是指苗木的南北或东西方向的宽度，常用苗木的冠幅来计算每平方米内种植苗木的数量。目前冠幅没有统一符号，一般用“*w*”或“*p*”来表示（注意不要与蓬径混淆）。

胸径：是胸高直径的简称。我国及大多数国家胸高位置定为自地面以上1.3m处。

地径：是指植株主干与地面相接处植株的直径，常以“*d*”表示。品种及地区不同，苗木地径起量部位也不同：有的在自地面以上10cm或30cm处，极个别品种在自地面以上5cm处，目前国内没有统一的标准。在没有特别说明的情况下，一般默认地径起量部位在自地面以上10cm处。

干径：自地面以上30cm处树干直径。

头径：常以“*T*”表示，多用于棕榈植物和苏铁类植物，这类植物根部以上的粗细基本相等。

冠径（ϕ）：是指苗木灌丛垂直投影面的最大直径和最小直径之间的平均值。

米径：是指苗木自地面以上1m高处树干的直径。若（树）苗木距地面1m处恰好有明显凸起，一般是由树（苗）木供销双方协商测量凸起上方或者下方直径代替米径。

球径：常以“D”表示，指苗木移植时，根部所带土球的直径。

土球厚度：常以“h”表示，是指苗木移植时所带土球底部至土球表面的高度。

茎长：通常用“L”表示，是指攀缘植物主茎从根部至梢头之间的长度。

冠丛高：自地表面至乔（灌）木顶端的高度。

根盘丛径：三株或三株以上的丛生竹在一起而形成的束状结构根盘的直径。

萌芽数：有分蘖能力的苗木，自地下部分（根颈以下）萌生出的芽枝数量。

分枝数：常以“n”表示，是指苗木的一级分枝总数。

密实度：常以“p”表示，是指苗木树冠枝叶的疏密程度。

紧密度：是指球形植物冠丛的稀密程度，通常为球形植物的质量指标。

培育年数：通常以“一年生”“二年生”等表示，是指苗木繁殖、培育年数。

假植：苗木不能及时栽植时，将苗木根系用湿润土壤做临时性填埋的绿化种植措施。

栽植工程植物养护：园林植物栽植后至竣工验收移交期间的养护管理。

绿化养护期：是指承包人按照合同约定进行绿化养护的期限，从工程竣工验收合格之日起计算。绿化养护期最长不超过 24 个月。

2.1.4 园林绿化工程作业相关术语解释

微喷：利用微喷头、微喷带等设备，以喷洒的方式实施灌溉的灌水方式。

滴灌：利用滴头、滴灌管（带）等设备，以滴水或细小水流的方式湿润植物根区附近部分土壤的灌水方法。

喷灌：是喷洒灌溉的简称。是指利用专门设备将有压水流送到灌溉地段，通过喷头以均匀喷洒方式进行灌溉的方式。

蒲公英喷头：又名水晶绣球喷头。一个球形配水室上辐射安装着许多支管，每根支管的外端装有向周围折射的喷嘴，从而组成一个球体。喷水时水姿形如蒲公英花球。

2.1.5 景观工程相关术语解释

乱铺冰片石：又称碎石板，是指采用不规则石片在地面上铺贴出纹理，多数为冰裂缝，使路面显得比较别致，如图 2.1.1 所示。

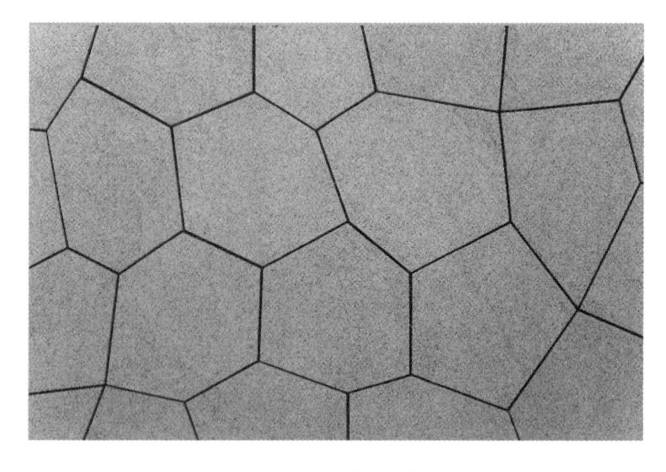

图 2.1.1 乱铺冰片石

桥台：位于桥的两端，与岸衔接，传递桥的推力到岸。

桥墩：多跨桥梁的中间支承结构物。

拱券：是指用砖、石做成的拱形砌体，如图 2.1.2 所示。

图 2.1.2　拱券

券脸：是指石券最外端一圈露明的券石，如图 2.1.3 所示箭头所指处。

图 2.1.3　券脸

石桥檐板：即仰天石，是指位于桥面两边的边缘石。

石望柱：是指栏杆与栏板之间的短柱，如图 2.1.4 所示。

地伏石：是指栏杆最下层的横石，如图 2.1.4 所示。

抱鼓石：位于石桥栏杆的前后端部形似圆鼓用于稳固石望柱的石作构件，如图 2.1.4 所示。

图 2.1.4　石望柱、地伏石、抱鼓石

湖石：湖石产于湖崖中，是由长期沉淀的粉砂及水的溶蚀作用所形成的一种石灰岩，如图 2.1.5 所示。该石的特点是经湖水溶蚀后形成大小不同的洞窝和环沟，具有圆润柔曲、嵌空婉转、玲珑剔透的外形，如太湖石、宜兴石、龙潭石、灵璧石、湖口石、巢湖石、房山石等。

图 2.1.5　湖石

山石：山石是中生代红、黄色砂、泥岩层岩石的一种统称，材质较硬。小块石料常因自然岩石风化冲刷崩落后沿节理面分解而成，呈不规则的多面体，如黄石、孔雀石、方解石、鱼眼石、菊花石、大理石、铁矿石、硅灰石等假山石料。

人造山峰：是指将若干湖石或山石辅以条石或钢筋混凝土预制板，用水泥浆、细石混凝土和铁件堆砌起来，形成石峰造型的一种假山。

塑假山：是指用砖、型钢、混凝土等材料做骨架，通过钢丝网及水泥砂浆抹灰塑性、刻画、表面上色等方法制作成型的假山，如图 2.1.6 所示。

图 2.1.6 塑假山

土山点石：是指在矮坡形土山、草坪及树根旁为点缀景致而布置的石景，如母子石、散兵石。

布置景石：是指除堆砌假山、人造石峰、土山点石之外的独块或数块景石安装，如各种形式的单峰石、象形石、石供石、花坛石景及院门、道路两旁的对称石等，如图 2.1.7 所示。

图 2.1.7 布置景石

椽子：是指位于屋面基层的最底层，垂直安放在檩木之上，承担屋面瓦荷载的构件。

椽望板：古建筑中飞檐部分，并连有飞椽和出檐重叠之板。

戗（墙）翼板：古建筑中翘角部位，并连有摔网椽的翼角板。

2.2 常见苗木种类介绍

2.2.1 常绿乔木

1. 油松（图 2.2.1）

观赏特性	树高 10~40m，老年树冠呈伞形，树枝苍劲、古雅，枝繁叶茂。主要生长在东部、华北和西部
生长特性	阳性、耐寒、耐干旱、耐贫瘠土壤、深根性
景观用途	庭阴树、风景树、行道树
栽植要点	带土球移植、栽植容易成活，修剪时注意保持树冠的完整性
相关品种	樟子松、马尾松

一、风致型

代表树种：老年油松（14）、樟子松（13）、马尾松（27）

图 2.2.1 油松

备注：图中（ ）内数字代表该树种在《环境景观——绿化种植设计》03J01-2 附表 1 中的序号。

2. 雪松（图 2.2.2）

观赏特性	树高 8~40m，树冠幼年呈圆锥形，姿态优美，树干笔直，老枝铺散，小枝梢下垂。主要生长在华北至长江流域
生长特性	深根性，喜光，喜温凉湿润气候，有一定耐阴能力和耐寒能力，耐旱性较强，怕炎热，抗旱能力弱，忌积水。对土壤要求不严，但喜土层深厚而排水良好的土壤
景观用途	庭阴树、风景林
栽植要点	雪松系浅根性树种，不宜施用化肥。移栽期以 4~5 月为宜，移栽成活率高
相关品种	金钱松

二、塔状园锥型

代表树种：雪松（30）、金钱松（75）

图 2.2.2　雪松

3. 白皮松（图 2.2.3）

观赏特性	树高 10~30m，主要生长在华北、西北、长江流域
生长特性	喜光，幼树梢耐阴，耐干冷，不耐湿热，耐干旱和瘠薄能力较油松强，但不耐水湿。喜排水良好而又适当湿润的土壤
景观用途	庭阴树、风景林系列
栽植要点	移植土球应为根径的 10 ~ 12 倍，白皮松主根长，侧根稀少，故移植时应少伤根。栽前树穴内应施足基肥，新栽树木要立支架，以防被风刮倒
相关品种	深山含笑、紫楠

三、倒卵型

代表树种：白皮松（25）、深山含笑（82）、紫楠（143）

图 2.2.3　白皮松

4. 香樟（图 2.2.4）

观赏特性	常绿乔木，树高可达 30m，直径可达 3m，主要分布在长江以南及西南生长区域，是江南四大名木之一
生长特性	多喜光，稍耐阴，喜温暖湿润气候，耐寒性不强。深根性，能抗风，耐修剪，有很强的吸烟滞尘、涵养水源、固土防沙和美化环境的能力。对土壤要求不严，较耐水湿，但不耐干旱、瘠薄和盐碱土
景观用途	庭阴树、防护林、行道树
栽植要点	移植时要注意保持土壤湿度，种植穴底要施基肥并铺设细土垫层，种植土应疏松肥沃
相关品种	香樟树又称樟树、乌樟、芳樟

四、扁圆球型

代表树种：桧柏（37）、杜松（59）、
广玉兰（89）、榕树（120）、
香樟（138）、鱼尾葵（245）

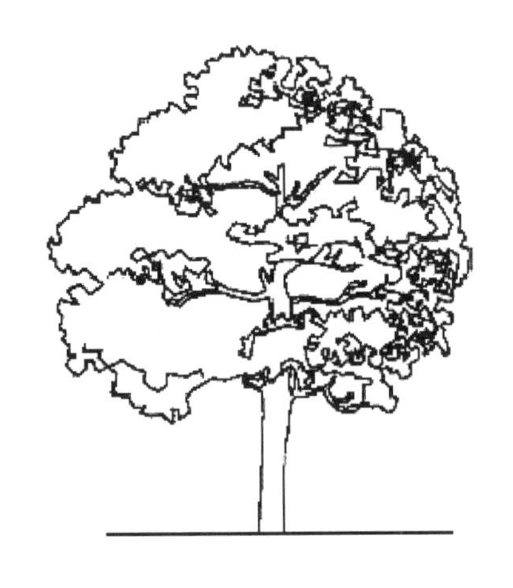

图 2.2.4　香樟

5. 罗汉松（图 2.2.5）

观赏特性	属常绿乔木，树高达 20m，胸径达 60cm。树皮灰色或灰褐色，花期 4~5 月，种子 8~9 月成熟。主要生长在西北、华北至西南地区
生长特性	耐阴湿，喜欢阳光充足的环境
景观用途	庭阴树、防护林、绿篱
栽植要点	喜肥沃、排水良好的砂质土壤。移植以春季 3~4 月最好，大苗带土球栽后应浇透水，生长期保持土壤湿润。盛夏高温季节需放半阴处养护
相关品种	分为大叶罗汉松、小叶罗汉松和米叶罗汉松三个品种

五、圆球型

代表树种：侧柏（35）、罗汉松（67）、木莲（86）、枇杷（134）

图 2.2.5　罗汉松

6. 云杉（图 2.2.6）

观赏特性	树干高大通直，树高达 45m，胸径达 1m，树皮呈淡灰褐色。主要生长在陕、甘等长江流域地区
生长特性	系浅根性树种，稍耐阴，能耐干燥及寒冷的环境，在气候凉润、土层深厚、排水良好的微酸性、棕色森林土地带生长迅速，发育良好
景观用途	园景树、风景林、用材林
栽植要点	多带土球移植，幼苗对干燥的抵抗力弱，耐阴湿，应经常浇水以保持湿润。对阳光抵抗力弱，栽植后应架设遮阴棚，以避免日灼危害
相关品种	白皮云杉、红皮云杉、青海云杉、雪岭云杉

六、广圆锥型

代表树种：云杉（10）、柳杉（31）、柏木（51）

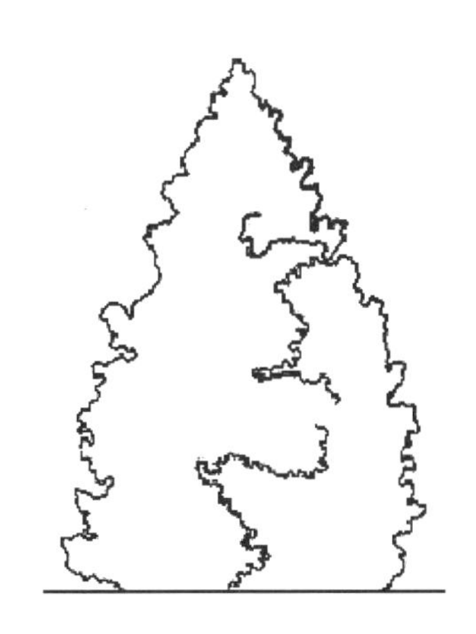

图 2.2.6　云杉

2.2.2 落叶乔木

1. 枫香（图 2.2.7）

观赏特性	树高 30m，胸径最大可达 1m，主要生长在华北、西北及长江下游地区
生长特性	呈阳性，性喜光，喜温暖湿润气候。幼树梢耐阴，耐干旱瘠薄土壤，不耐水涝，在湿润肥沃而深厚的红黄土壤上生长良好。深根性，主根粗长，抗风力强，抗污染，不耐移植及修剪。树脂供药用，能解毒止痛，止血生肌，根、叶及果实亦可入药，有祛风除湿，通络活血功效
景观用途	行道树、防护林、遮阴树
栽植要点	选择在土层深厚、土壤疏松、土质较肥沃、pH 值为 5.5~6.0 的砂质土壤为佳
相关品种	湾香胶树、枫子树、香枫、白胶香

一、长卵圆型

代表树种：毛白杨（290）、枫香（523）

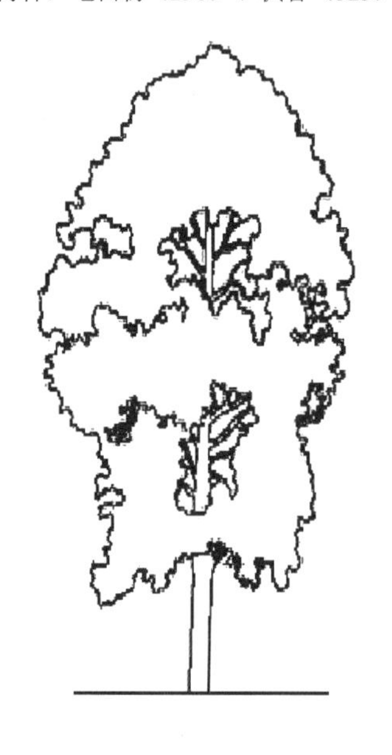

图 2.2.7 枫香

2. 新疆杨（图 2.2.8）

观赏特性	高 15~30m，树冠窄圆柱形或尖塔形，树皮灰白或青灰色，光滑少裂。主要分布在我国新疆地区，以南疆地区较多
生长特性	喜光，耐寒，耐干旱瘠薄及盐碱土，不耐阴。深根性，抗风力强，生长快
景观用途	在草坪、庭前孤植、丛植，或于路旁植、点缀山石都很合适。行道树、防护林
栽植要点	喜半阴，喜温暖湿润气候及肥沃的中性及微酸性土，耐寒性不强
相关品种	箭杆杨

二、圆柱型

代表树种：新疆杨（292）、箭杆杨（295）

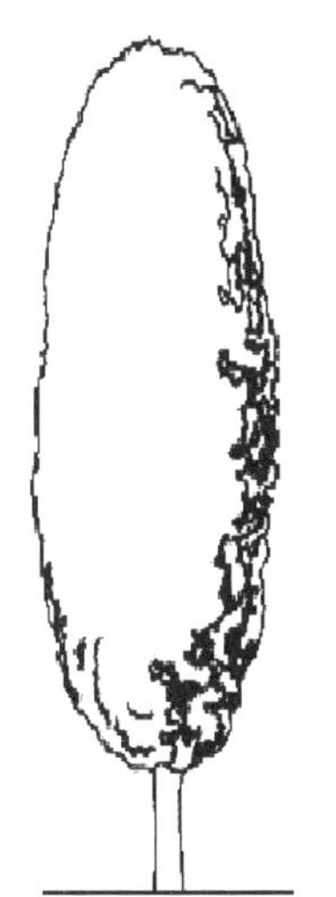

图 2.2.8 新疆杨

3. 枫杨（图 2.2.9）

观赏特性	高达 30m，胸径达 1m，幼树树皮平滑，浅灰色，老时则深纵裂。主要分布在黄河流域以南
生长特性	喜光，略耐侧阴，幼树耐阴、耐寒能力不强，树冠宽广，枝叶茂密，生长迅速。树皮还有祛风止痛、杀虫、敛疮等功效
景观用途	庭阴树、行道树、护岸树
栽植要点	要求土层深厚，土质肥沃、湿润，且不易积水。栽植穴的深度和直径 40~50cm，穴距 3~4m。枫杨在空旷处生长，侧枝发达，生长较慢。无论是春季或冬季造林都要求做到深栽、舒根、踏实
相关品种	胡杨、白杨、棉白杨

三、倒卵型

代表树种：枫杨（280）、旱柳（305）

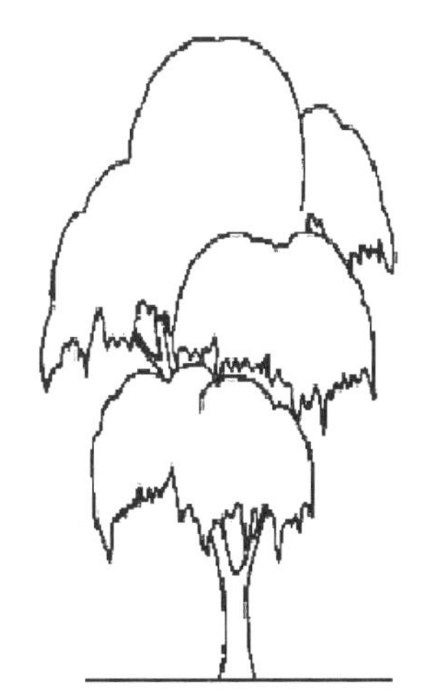

图 2.2.9 枫杨

4. 合欢（图 2.2.10）

观赏特性	树高可达 16m，主要分布在华北至华南及西北地区，最佳观赏时段为自成形后的 30 年以上，寿命长
生长特性	阳性树种，喜欢温暖湿润的气候环境。小苗耐严寒，耐干旱及贫瘠。喜强光，在隐蔽之处开花较少，最好保持全日照，但要避免强光暴晒
景观用途	庭阴树、行道树
栽植要点	浅根性植物，萌芽力不强，不耐修剪。在砂质土壤生长较好，夏季树皮不耐烈日，暴晒容易蜕皮生病。怕水涝和阴湿积水，栽植的土地要排水顺畅，一年四季不能积水
相关品种	凤凰木、臭椿

四、伞状扁球型

代表树种：合欢（379）、凤凰木（407）、臭椿（411）

图 2.2.10　合欢

5. 栾树（图 2.2.11）

观赏特性	树高 15~25m，树皮较厚，呈灰褐色或者灰黑色，通常在 6~8 月开花。果为蒴果，呈圆锥形，果期在 9~10 月。主要生长在华北、西北、长江流域地区
生长特性	喜光，有轻微的耐阴能力，耐干旱和瘠薄，不耐水涝。耐寒，能忍耐 −25℃的低温。抗风能力也很强，有较强的抗烟尘能力
景观用途	庭阴树、行道树、观赏树、盆景
栽植要点	对环境适应性强，喜欢生长在石灰质土壤中，耐盐渍及短期水涝
相关品种	元宝枫、杜仲、榔榆

五、圆球型

代表树种：榔榆（325）、珊瑚朴（333）、元宝枫（352）、国槐（396）、栾树（425）、杜仲（432）、圆冠榆（328）

图 2.2.11 栾树

6. 金钱松（图 2.2.12）

观赏特性	树高 40~50m，秀美奇特，秋后变金黄色，圆如铜钱，因此而得名，被世人誉为“金色的落叶松”。主要生长在华北南部至长江流域
生长特性	阳性、喜温暖、耐水湿。喜生长在湿润的环境中，不耐干旱，比较耐寒，一般能忍耐 −20℃的低温
景观用途	庭阴树、防护林、水边湿地绿化
栽植要点	喜欢光线充足、湿凉温润的气候。适宜土壤肥沃、排水良好的酸性土壤。但它本身对环境的适应力不强，生长缓慢
相关品种	水杉、落羽杉

六、广圆锥型

代表树种：水杉（73）、金钱松（15）、落羽杉（11）

图 2.2.12 金钱松

7. 白玉兰（图 2.2.13）

观赏特性	树高 15~35m，主要生长在华北、华南、长江流域地区
生长特性	玉兰性喜光，较耐寒，可露地越冬。爱干燥，忌低湿，栽植地渍水易烂根。树皮深灰色，粗糙开裂，小枝稍粗壮，呈灰褐色。具有一定的药用价值，玉兰花性味辛温，具有祛风、散寒、通窍、宣肺、通鼻的功效
景观用途	对植、列植
栽植要点	喜肥沃、排水良好而带微酸性的砂质土壤，在弱碱性的土壤上亦可生长
相关品种	黄山玉兰、天目玉兰、星花玉兰

七、卵圆型

代表树种：白玉兰（260）、小青杨（289）、无患子（414）、悬铃木（421）

图 2.2.13 白玉兰

8. 白桦（图 2.2.14）

观赏特性	高达 25m，胸径 50cm，树冠卵圆形，树皮白色，花期 5~6 月，8~10 月果熟。主要生长在东北、华北、长江流域地区
生长特性	喜光，不耐阴，耐严寒，深根性，耐瘠薄。对土壤适应性强，喜酸性土，沼泽地、干燥阳坡及湿润阴坡都能生长
景观用途	行道树，风景树，庭阴树，孤植、丛植于庭园、公园之草坪、池畔或列植于道旁，颇具美观性
栽植要点	阳性、喜光，抗旱能力弱，播种后要及时浇水。当年新播种的幼苗需要耐阴，移植时带土球
相关品种	垂柳、绦柳

八、垂枝型

代表树种：垂柳（304）、白桦（321）、
绦柳（308）

图 2.2.14　白桦

9. 银杏（图 2.2.15）

观赏特性	树高 20~25m，胸径可达 4m，幼树树皮平滑，呈浅灰色，大树之皮呈灰褐色，不规则纵裂，粗糙。因其枝条平直，树冠呈现较规整的圆锥形，大量种植的银杏林在视觉效果上具有整体美感，有一定的观赏价值。银杏叶在秋季会变成金黄色，在秋季低角度阳光的照射下比较美观，常被摄影者用作背景。主要生长在华北、华南、东北、长江流域
生长特性	属喜光树种，对土壤条件要求不严，但以土层厚、土壤湿润肥沃、排水良好的中性或微酸性土为好
景观用途	庭阴树、行道树
栽植要点	寿命长，一次栽植长期受益，因此土地选择非常重要，应选择坡度不大的阳坡为造林地
相关品种	白榆、七叶树

九、广卵圆型

代表树种：老年银杏（266）、白榆（326）、
鸡爪槭（358）、七叶树（623）

图 2.2.15　银杏

10. 刺槐（图 2.2.16）

观赏特性	树高 10~25m，木材坚硬，耐腐蚀，燃烧缓慢，热值高。树皮厚，暗色，纹裂多，花为白色，有香味。刺槐主要生长在长江流域及以南地区
生长特性	在空气湿度较大的沿海地区，生长快，干形通直圆满。抗风性差，对水分条件很敏感，喜光，不耐庇阴。萌芽力和根蘖性都很强。刺槐花可食用，刺槐花产的蜂蜜很甜，蜂蜜产量也较高
景观用途	庭阴树、行道树
栽植要点	水浇地或土质深厚、平坦的熟土地。不要在涝洼地和土质瘠薄的山地育苗
相关品种	金叶刺槐、“红花”刺槐、球冠刺槐

十、长圆球型

代表树种：鹅掌楸（267）、刺槐（392）、小叶白蜡（555）

图 2.2.16　刺槐

11. 馒头柳（图 2.2.17）

观赏特性	树高 15~20m，树冠半圆形，状如馒头，遮阴效果好。主要生长在东北、华北、西北地区
生长特性	不用人工修剪，树冠自成半圆形。阳性，喜光，耐寒，耐旱，耐水湿，耐修剪，适宜性强。喜温凉气候，耐污染，速生。在固结、黏重土壤及重盐碱地上生长不良
景观用途	庭阴树、行道树、风景树
栽植要点	选择土壤潮湿、疏松、肥沃、阳光充足、通风良好的田地进行深耕。深耕后的栽植地灌足水，保持栽插前后地面潮湿
相关品种	梓树、龙爪槐、千头椿

十一、半球型

代表树种：馒头柳（307）、楝树（343）、梓树（371）、龙爪槐（397）、千头椿

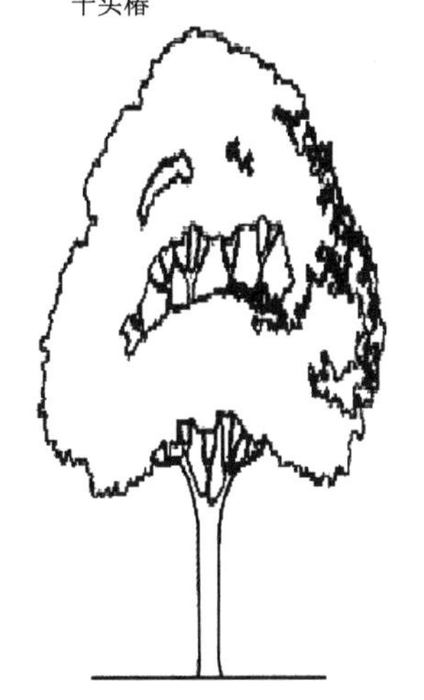

图 2.2.17　馒头柳

12. 西府海棠（图 2.2.18）

观赏特性	高达 2.5~5m，树枝直立性强，为中国的特有植物，小枝为细弱圆柱形
生长特性	喜光，耐寒，忌水涝，忌空气过湿，较耐干旱
景观用途	庭阴树、行道树、风景树
栽植要点	出圃时保持苗木完整的根系是成活的关键。苗木栽植后要加强抚育管理，经常保持土壤疏松、肥沃
相关品种	陕西的“果红”“果黄”，云南的“海棠”“青刺海棠”

十二、长圆球型（小乔木）

代表树种：西府海棠（462）、紫叶李（466）、山桃（485）、丝棉木（507）

图 2.2.18　西府海棠

2.2.3 落叶灌木

1. 榆叶梅（图 2.2.19）

观赏特性	高度 2~6m，花粉红色，单瓣或重瓣，密集于枝条，先叶开放，花期 4 月。主要生长在东北南部、华北、西北地区
生长特性	阳性，喜光，稍耐阴，耐寒，能在 -35℃下越冬。对土壤要求不严，以中性至微碱性且肥沃土壤为佳。根系发达，耐旱力强，不耐涝，抗病力强
景观用途	庭院观赏、丛植、列植
栽植要点	对土壤要求不严，在深厚肥沃、疏松的砂质土壤和腐殖较多的微酸性土壤中生长良好，也可耐轻度盐碱土，以通气良好的中性土壤生长最佳
相关品种	红叶榆叶梅

一、圆球型

代表树种：溲疏（434）、太平花（439）、榆叶梅（486）、珍珠梅（493）、黄刺玫（495）、棣棠（504）、丁香（568）、金银木（597）

图 2.2.19 榆叶梅

2. 腊梅（图 2.2.20）

观赏特性	树高 3~4m，花呈蜡黄色，浓香，花期 1~2 月。主要生长在华北南部至长江流域地区
生长特性	阳性，性喜阳光，但亦略耐阴，忌水湿、耐修剪，较耐寒，耐旱，有“旱不死的腊梅”之说。对土质要求不严，但以排水良好的轻土壤为宜
景观用途	庭院观赏、盆植
栽植要点	要求土层深厚、肥沃、疏松、排水良好的微酸性砂质土壤，在盐碱地上生长不良，不宜在低洼地栽培
相关品种	石榴、紫薇

二、长圆型

代表树种：构桔（378）、石榴（410）、
腊梅（506）、紫薇（616）、
木槿（626）

图 2.2.20　腊梅

3. 连翘（图 2.2.21）

观赏特性	树高 3m，花呈金黄色，花期 4~5 月，枝条弯曲下垂。早春先叶开花，花开香气淡艳，满枝金黄，艳丽可爱，是早春优良观花灌木。主要生长在南北各省
生长特性	阳性，喜光，喜温暖、湿润气候。有一定程度的耐阴性，也很耐寒，耐干旱瘠薄，怕涝。不择土壤，在中性、微酸或碱性土壤均能正常生长
景观用途	庭植、花篱、坡地、河岸栽植
栽植要点	适合在肥沃、光照良好、排水性好的土地上生长
相关品种	毛连翘

三、垂枝半球型

代表树种：紫穗槐（384）、连翘（553）、
迎春（560）、锦带花（602）、
海仙花（609）

图 2.2.21　连翘

4. 牡丹（图 2.2.22）

观赏特性	高达 2m，分枝短而粗，花色泽艳丽，玉笑珠香，风流潇洒，富丽堂皇，素有“花中之王”的美誉。花期 5 月，果期 6 月
生长特性	喜阳光，也耐半阴，耐寒，耐干旱，耐弱碱，忌积水，怕热，怕烈日直射。性喜温暖、凉爽、干燥、阳光充足的环境
景观用途	庭植、盆栽
栽植要点	适宜在疏松、深厚、肥沃、地势高燥、排水良好的中性砂质土壤中生长
相关品种	矮牡丹、白莲花

四、半球型

代表树种：紫叶小檗（414）、牡丹（430）、柳叶绣线菊（444）、麻叶绣球（445）、贴梗海棠（450）、郁李（469）、丰花月季（498）、玫瑰（502）、木芙蓉（625）、云实（675）

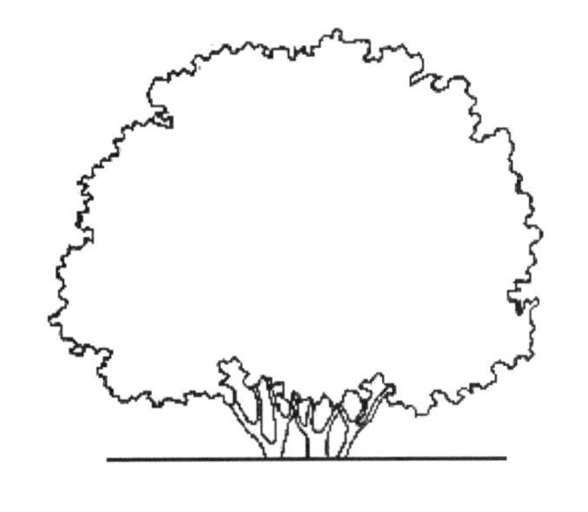

图 2.2.22 牡丹

5. 含笑（图 2.2.23）

观赏特性	树高 2~3m，花淡、紫色、浓香，有香蕉香味，4~6 月开花，9 月果熟。主要生长在长江以南地区
生长特性	中性，性喜温湿，不甚耐寒，长江以南背风向阳处能露地越冬。不耐烈日暴晒，夏季炎热时宜半阴环境。不耐干燥瘠薄，但也怕积水，要求排水良好，肥沃的微酸性土壤，中性土壤也能适应
景观用途	庭植、盆栽
栽植要点	栽培含笑的泥土，需疏松通气，排水良好，盆栽需选用微酸性、透气性能好、富含腐殖质的土壤种植
相关品种	金叶含笑、深山含笑、多花含笑

五、圆球型

代表树种：含笑（83）、海桐（149）、
桂花（184）

图 2.2.23　含笑

6. 十大功劳（图 2.2.24）

观赏特性	树高 2m，叶色秀丽。花黄色，花期 7~8 月，主要生长在长江流域及其以南地区
生长特性	属温带植物，喜温暖湿润的气候。耐阴，不耐暑热，忌烈日暴晒。具有较强的抗寒能力，也比较抗干旱。极不耐碱，怕水涝。果黑色，可入药，清热解毒、消肿、止泻腹泻，可用于痢疾、黄疸肝炎、烧伤、烫伤和疮毒
景观用途	庭植、绿篱
栽植要点	土壤要求不严，在疏松肥沃、排水良好的砂质土壤上生长最好
相关品种	别名狭叶十大功劳、细叶十大功劳、黄天竹、土黄柏、猫儿刺、土黄连、八角刺

六、倒卵圆型

代表树种：十大功劳（118）、南天竹（119）、
大叶黄杨（135）、黄杨（156）、
洒金珊瑚（168）

图 2.2.24　十大功劳

7. 珊瑚树（图 2.2.25）

观赏特性	白花，3~4 月间开白色钟状小花，芳香，9 月果熟。可作为森林防火屏障。主要生长在长江流域及其以南地区
生长特性	中性，喜温暖、喜光稍耐阴，稍耐寒。在潮湿、肥沃的中性土壤中生长迅速旺盛，也能适应酸性或微碱性土壤。根系发达、萌芽性强，耐修剪，对有毒气体抗性强。抗烟尘，防火
景观用途	高篱、防护树种
栽植要点	在肥沃的中性土壤中生长最好
相关品种	法国冬青、日本珊瑚树、早禾树

七、圆锥型

代表树种：珊瑚树（197）

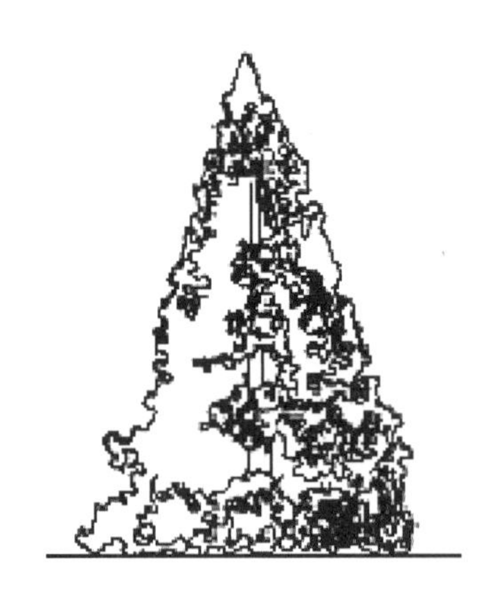

图 2.2.25 珊瑚树

8. 云南黄馨（图 2.2.26）

观赏特性	树高 3~4m，枝拱垂。花果期 3~4 月，花黄色，春季开花。主要生长在长江流域至华南、西南地区
生长特性	中性，性耐阴，喜温暖植物。不耐寒，适应性强，适合花架、绿篱或坡地高地悬垂栽培
景观用途	庭院观赏、花篱
栽植要点	以砂质土壤最佳，性喜多湿
相关品种	野迎春、云南迎春、金腰带、南迎春

八、匍匐型

代表树种：沙地柏（46）、云南黄馨（561）

图 2.2.26 云南黄馨

2.2.4 水生植物

1. 荷花（挺水植物）（图 2.2.27）

观赏特性	多年生水生草本花卉。地下茎长而肥厚，有长节，叶盾圆形。花期 6~9 月，有红、粉红、白、紫等颜色
生长特性	喜相对稳定的平静浅水、湖沼、泽地、池塘
景观用途	荷花水景、盆栽盆景
栽植要点	生长期内时刻离不开水。生长前期，水层要控制在 3cm 左右，水太深不利于提高土温
相关品种	藕莲、子莲、花莲

图 2.2.27 荷花

2. 苦草（沉水植物）（图 2.2.28）

观赏特性	多年生、无茎沉水草本植物。有匍匐茎，生于溪沟、河流等环境之中。分布在中国的多个省市地区
生长特性	叶长，翠绿，丛生，沉水，光滑或稍粗糙
景观用途	是水族箱、植物园水景、风景区水景、庭院小水池中良好的绿化布置材料
栽植要点	栽种前应将种植区域内的杂草和异物清理干净，施足基肥，捣活泥土，待水澄清后进行移栽定植
相关品种	矮苦草、刺苦草、密齿苦草、大苦草

图 2.2.28　苦草

3. 浮萍（浮水植物）（图 2.2.29）

观赏特性	多年生、无茎沉水草本植物。叶状体对称，表面绿色，根白色，长 3~4cm。有匍匐茎，生于溪沟、河流等环境之中，分布在中国的多个省市地区
生长特性	喜温气候和潮湿环境，忌严寒。生长于水田、池沼或其他静水水域。入药能发汗、利水、消肿毒、治风湿、脚气
景观用途	是很好的猪饲料、鸭饲料，是草鱼鱼种的优质饲料
栽植要点	培植浮萍的池塘应选择避风、静水环境
相关品种	芜萍、浮萍、紫背浮萍

图 2.2.29 浮萍

2.3 园林绿化工程识图

在园林绿化及园林景观施工图中，图纸设计尺寸和高程均以米（m）为单位，要保留小数点后两位。施工图设计分为种植、道路、广场、山石、水池、驳岸、建筑、土方、各种地下或架空线的设计。

2.3.1 园林绿化图纸常见代号解释

在园林绿化工程图纸中，经常使用各类代号来表示标高信息。具体代号及定义如表 2.3.1 所示。

园林绿化图纸常见代号 表 2.3.1

代号	定义	代号	定义
BC	路沿底标高	BF	水底标高
BK	路牙底	BP	种植池底标高
BL	池底标高	BR	栏杆扶手底标高
BS	踏步底标高	BW	墙底标高
FF	室内楼地面标高	FG	室外软景完成面标高
FL	完成面标高	PA	代表种植区，指绿化区域
RL	道路标高	TC	路牙顶面标高
TK	路牙顶	TR	栏杆扶手顶标高
TS	土壤面标高	TW	墙顶标高
TPL	种植池顶标高	TSW	花池墙顶部标高
WL	水面标高、池面标高	WT	挡土墙、景观构筑物完成面标高

2.3.2 园林绿化图纸做法识图

在园林绿化图纸中，如果某处需要采用多种做法，通常会在结构详图中说明具体的做法，如图 2.3.1 所示。

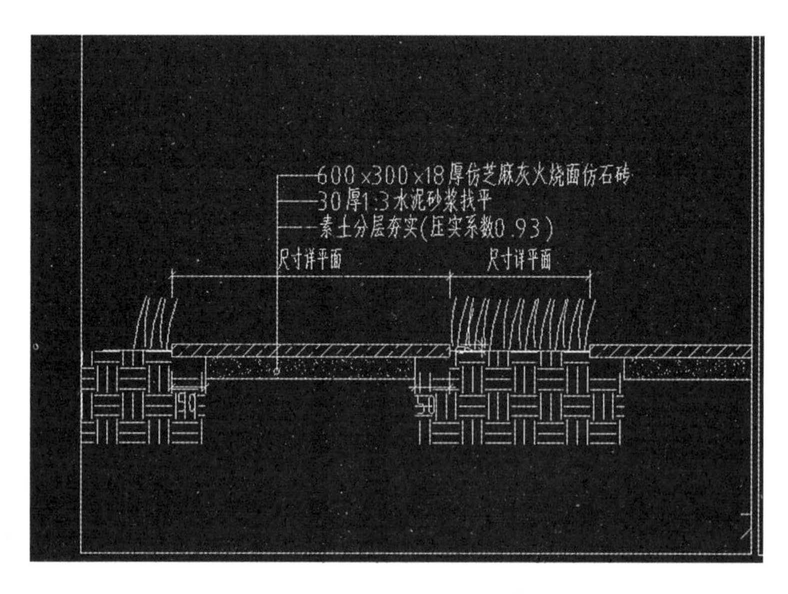

图 2.3.1 园林绿化图纸做法结构图

上述图纸中描述了剖面图从基层到面层做法分别为：素土分层夯实（压实系数 0.93）、30mm 厚 1∶3 水泥砂浆找平、600mm × 300mm × 18mm 厚仿芝麻灰火烧面仿石砖。

第 3 章 园林绿化工程造价文件编制流程

3.1 园林绿化工程造价组成

结合第 1 章内容，按造价形式划分，园林绿化工程造价 = 分部分项工程费 + 措施项目工程费 + 其他项目工程费 + 规费 + 税金，其中分部分项工程费 =Σ（分部分项工程量 × 综合单价）。

综合单价包括人工费、材料费、施工机具使用费、企业管理费和利润，以及一定范围的风险费用。

1. 人工费：包括挖坑、换土、种植、覆土、保墒 [保墒就是保持土壤湿度（水分）之意]、浇水、整形、清理等所耗用的全部人工费用。

2. 材料费：苗木主材费及主材损耗 + 辅材费。

（1）苗木主材费：绿化定额中只包括各种不同规格、型号苗木主材消耗量，不包括苗木主材单价（这是园林绿化定额与其他专业工程定额唯一不同点）。苗木主材单价需要根据招标文件、设计要求或清单编制要求，采用信息价或市场询价补充计入。

（2）辅材费：种植时必需的一些辅助材料费用，包括苗木灌溉的水、肥料，含量在定额子目材料中体现。

例如，栽植乔木定额（图 3.1.1）中包含“乔木”这条主材的含量及数量，但预算价及市场价为 0，在编制最高投标报价或投标报价时，按招标文件或设计要求等通过当地工程造价信息、广材网、市场询价等方式录入。

	编码	类别	名称	项目特征	单位	工程量表达式	工程量
1	050102001001	项	栽植乔木栾树	1. 种类：乔木栾树 2. 胸径或干径：D≤25cm 3. 带土球种植 4. 养护期：一年	株	18	18
	4-2-384	定	栽植带土球乔木 胸径≤28cm/地径≤32cm		10株	QDL	1.8
	32010540	主	乔木		株		18.18

工料机显示 | 单价构成 | 标准换算 | 换算信息 | 安装费用 | 特征及内容 | 组价方案 | 工程量明细 | 反查图形工程量

	编码	类别	名称	规格及型号	单位	损耗率	含量	数量	不含税预算价	除税市场价	含税市场价
1	32010540	主	乔木		株	0	10.1	18.18	0	0	0
2	00010003	人	普工		工日		13.807	24.853	113	113	113
3	00010005	人	一般技工		工日		32.216	57.989	141	141	141
4	34110117	材	水		m3		14	25.2	3.88	3.88	4
5	99090050	机	汽车式起重机	提升质量(…	台班		1.665	2.997	986.31	986.31	986.31

图 3.1.1 园林定额主材费

注意：树干防护的草绳、铁丝，以及各类苗木种植保护树木支撑（木桩、水泥桩）等材料费用属于苗木技术措施费。需要按设计图纸、投标施工方案、清单特征描述要求计入措施项目中。

3. 施工机具使用费：是指搬运大规格苗木、带土球栽植苗木时，人工不能搬运，必须使用机械搬运到设计指定位置，然后吊起、复位、扶正等发生的机械费用。

4. 企业管理费和利润：按当地的费用定额规定划分标准计算。

5. 措施费：包含组织措施费及技术措施费。

（1）组织措施费：包含安全文明施工费、夜间施工费、二次搬运费、冬雨期施工增加费、已完工程及设备保护费、工程定位复测费、场地清理费等，此类费用一般在费用定额中规定取费的基数及费率。

（2）技术措施费：苗木支撑等，需要根据设计图纸、施工方案、清单特征描述确定措施做法套价计算，后续会在对应章节中有详细说明。

3.2 工程造价文件编制流程

园林绿化工程造价相比土建、装饰装修、安装等专业的难度较低，虽然目前园林绿化定额全国没有形成统一，但 2018 年后全国各地新颁布的园林绿化定额基本按照《园林绿化工程消耗量定额》ZYA 2-31-2018 编制，工程量计算规则差别不大，本书主要讲解园林绿化工程造价文件编制的流程和方法，不同地区按规定套取当地对应的绿化定额子目即可。

从招标人编制最高投标限价的角度完成园林绿化工程造价文件编制，流程主要分为 5 个步骤（投标人无须进行工程量清单编制，只需对工程量清单进行校核，其他相同），如图 3.2.1 所示。

图 3.2.1 园林绿化工程造价文件编制流程

3.2.1 识图

浏览图纸，看设计图纸总说明，看种植要求，了解图纸要求种植面积、换填土厚度、苗木各类规格、型号、尺寸和种植要求等，具体识图方法在第 2 章中已经具体讲解，本节不再赘述。

3.2.2 工程量清单编制

结合第 1 章 1.4.2 节清单计价内容，依据图纸及其他资料，完成清单列项、项目特征描述、工程量计算等工程量清单编制工作。

1. 清单项目：分为栽植乔木、栽植灌木、栽植竹类、栽植棕榈类、栽植绿篱、栽植攀缘植物、栽植色带、栽植花卉、栽植水生植物、垂直墙体绿化种植等项目。

2. 项目特征：清单项目特征描述要准确、完整。

以栽植乔木为例：应描述乔木名称，描述是裸根栽植还是带土球栽植，裸根胸径以及土球直径多大，是否需要人工换土，是否需要草绳绕干，是否需要做树木支撑，支撑脚桩是三角桩还是四角桩，栽植原土是否为坚土，是否为反季节栽植，栽植场地是否有坡度，后期养护期多长等内容。

再如，栽植竹类要区分散生竹和丛生竹。散生竹需描述胸径，丛生竹需描述根盘或丛径直径，种植是否要求人工换土等。

3. 根据工程量清单计算规则，依据图纸计算相应工程量。

4. 以最高投标限价为例，计价软件中工程量清单编制流程为：新建项目→新建单位工程→分部分项清单编制→措施项目清单编制→其他项目清单编制，具体如下：

（1）新建项目

启动广联达云计价平台，点击新建预算→选择相应的地区→招标项目，输入项目名称、项目编码、地区标准、定额基本信息后，即可完成招标项目新建，如图 3.2.2 所示。

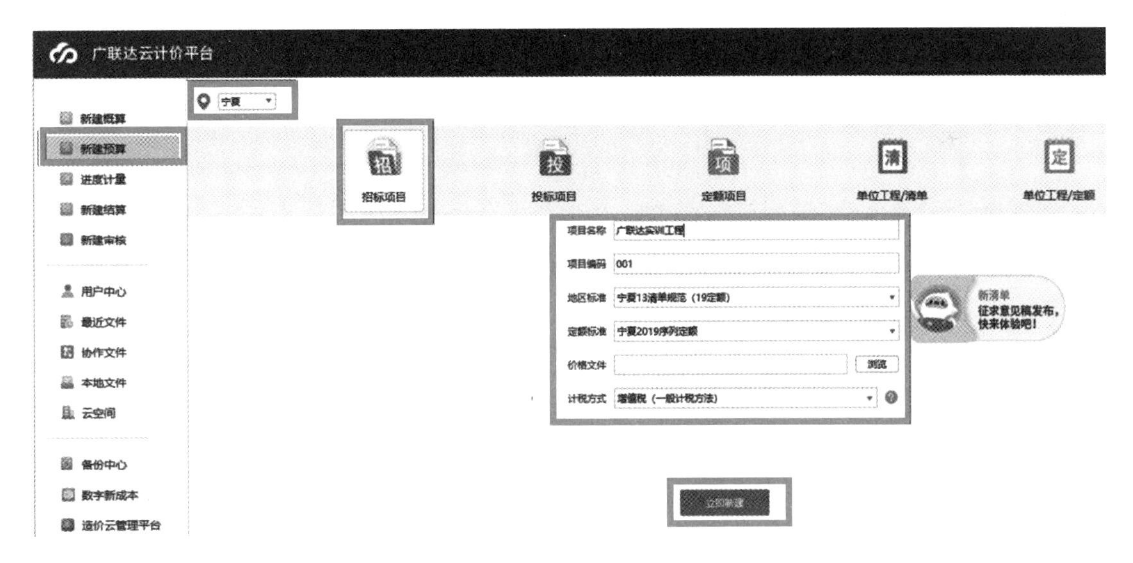

图 3.2.2　新建招标项目

（2）新建单位工程

进入主界面以后，软件自动新建三级项目管理，分别为整个项目、单项工程、单位工程；点击整个项目行可以新建单项工程：点击“单位工程”，选择对应专业，快速完成新建工程，如图 3.2.3 所示。

（3）分部分项清单编制

分部分项清单编制按照清单的五要素进行介绍，分别是清单编码的输入、清单名称的修改、项目特征描述、单位和工程量的输入、插入分部。

1）清单编码的输入：清单编码的输入有两种方式，第一种方式可以在“编码”单元格直接输入清单的 9 位数编码；第二种方式可以点击“查询”或双击清单行编码，自动弹出“查询”对话框，可在对话框中选择所需的清单，如图 3.2.4 所示。

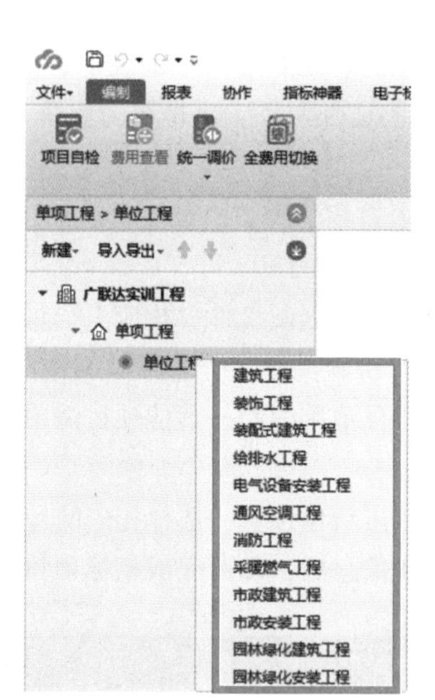

图 3.2.3　新建单位工程

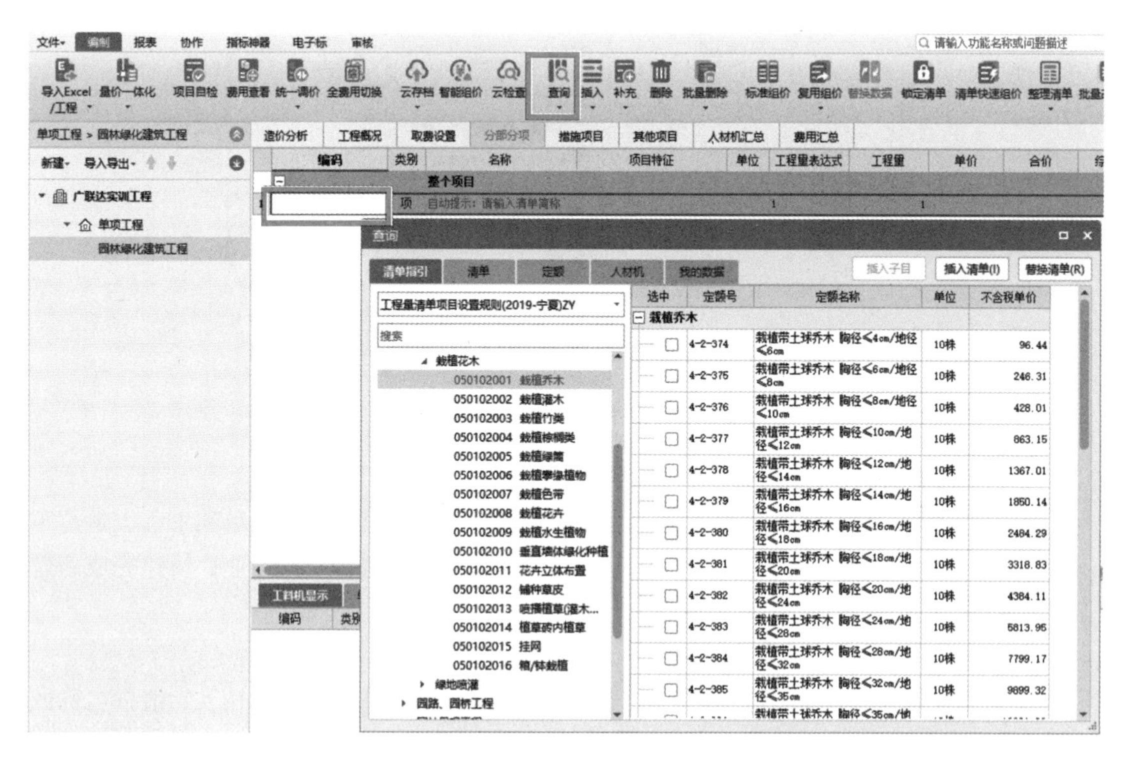

图 3.2.4　清单编码输入

2）清单名称的修改：清单名称如果需要修改，直接点击清单名称进行编辑修改即可（图 3.2.5）。

3）项目特征描述：项目特征描述需要依据图纸的特征进行填写，在项目特征单元格中输入文字描述，或点击“项目特征”后面的▯按钮展开编辑，或者在下方窗口的“特征及内容”处填写（软件默认有特征描述，招标人只需填写特征值即可，特征描述可以修改、删除及增加）。项目特征描述填写方式如图 3.2.5 所示。

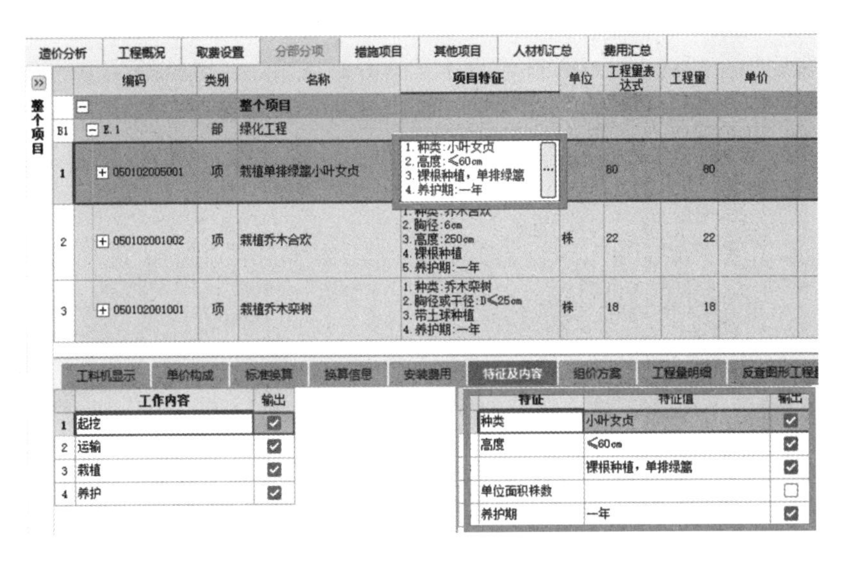

图 3.2.5　项目特征描述

4）单位和工程量的输入：对于清单项的单位，在插入清单时单位是自动匹配的，大多数情况下无须修改，对于清单规范中有的清单项有多种单位的，可以直接点击单位格进行修改。对于工程量的输入有三种方式：第一种方式在“工程量”处直接输入数字（图 3.2.5）；第二种方式为“工程量表达式”中支持四则运算的工程量计算式；第三种方式为方便对量，明确工程量来源可以在“工程量明细”输入具体工程量明细。

5）插入分部：第一个分部通过鼠标左键单击“整个项目”行，鼠标右键单击“插入子分部”完成，手动输入分部编码及名称，其他分部的插入可以点击对应位置清单，鼠标右键单击“插入分部”后，会在相应清单上方插入分部行；如果想按章节自动分部，可以选择“整理清单”对所有清单分章节进行自动整理，整理之后清单均按照章节进行排序，自动生成分部标题，如图 3.2.6 所示。

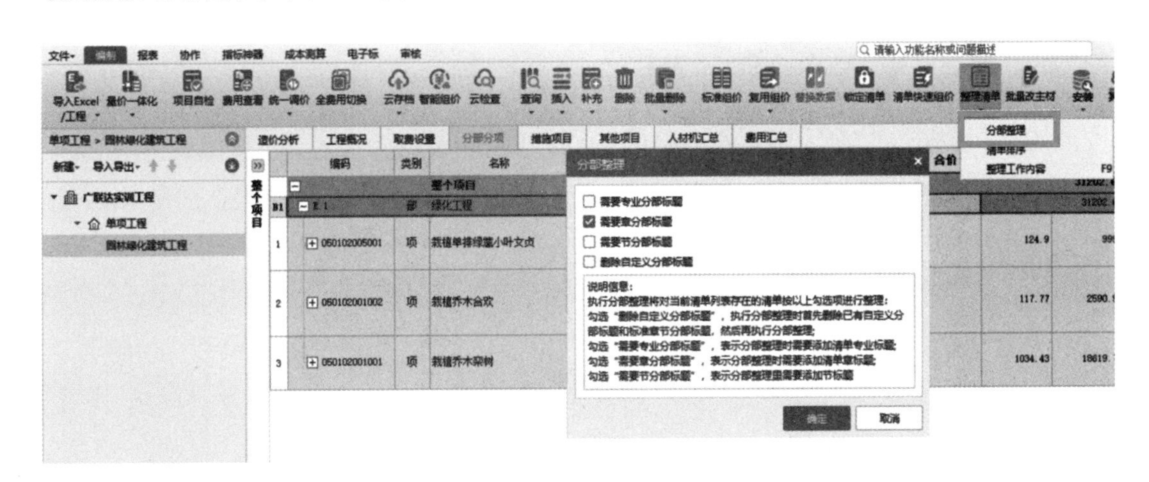

图 3.2.6　分部整理

（4）措施项目清单编制

措施项目分为总价措施和单价措施，总价措施一般包含安全文明施工费、临时设施费等，这属于招标投标中不可竞争费用范畴，按当地费用定额规范自动计算即可。不同地区的总价措施费用项有所区别，一般在软件中选择好地区后会自动按照当地的要求显示。单价措施是指树木支撑架、草绳绕树干、树木涂白等技术措施费用，根据清单特征描述找到定额措施项目章节对应定额进行编制即可，操作方式与分部分项清单编制方式是一样的，如图 3.2.7 所示。

造价分析 | 工程概况 | 取费设置 | 分部分项 | 措施项目 | 其他项目 | 人材机汇总 | 费用汇总

	序号	类别	名称	单位	项目特征	组价方式
	⊟		措施项目			
1	050405001001		安全文明措施费	项		计算公式组价
2	050405002001		夜间施工费	项		计算公式组价
3	050405004001		二次搬运费	项		计算公式组价
4	050405005001		冬雨季施工增加费	项		计算公式组价
5	050405008001		已完工程及设备保护费	项		计算公式组价
6	050405009001		场地清理费	项		计算公式组价
7	050405010001		检验试验配合费	项		计算公式组价
8	050405011001		工程定位复测、工程点交费	项		计算公式组价
9	⊟ 1		大型机械设备进出场及安拆	项		清单组价
10	⊟		自动提示：请输入清单简称	项		可计量清单
		定	自动提示：请输入子目简称			
11	⊟ 2		脚手架工程费	项		清单组价
12	⊟		自动提示：请输入清单简称	项		可计量清单
		定	自动提示：请输入子目简称			

图 3.2.7　措施项目清单编制

（5）其他项目清单编制

其他项目分为暂列金额、暂估价、计日工和总承包服务费。在软件中切换到“其他项目”，点击“暂列金额”等费用行，直接填写暂列金额等的名称、计量单位和金额即可，如图 3.2.8 所示。

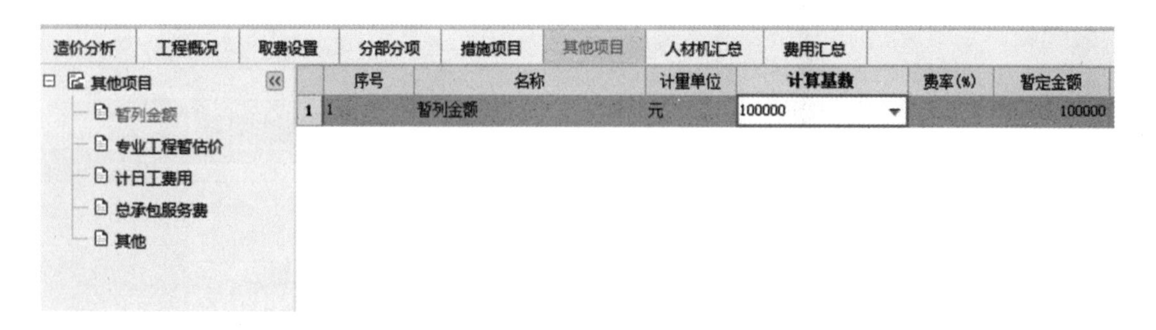

图 3.2.8　其他项目清单编制

（6）工程量清单编制总结

以上就是工程量清单编制的主要内容，包括新建项目→新建单位工程→分部分项清单编制→措施项目清单编制→其他项目清单编制。其中分部分项清单编制包括清单编码的输入、清单名称的修改、项目特征描述、单位及工程量的输入、插入清单或补充分部等方面的内容。

3.2.3　工程量清单组价

1. 园林定额子目内容

定额子目：分为栽植乔木（带土球、裸根）、栽植灌木（带土球、裸根）、栽植竹类（散生、丛生）、栽植绿篱（高度）、栽植攀缘植物（列植按地径、成片栽植按每平方米）、栽植水生植物（挺水、沉水和浮水）。

定额组价应区分种类、栽植方式（裸根、带土球）、胸径及冠丛直径或土球直径、养护方式（草绳绕干、树木支撑、人工换土等）、数量等，选择对应的定额子目套价计算。

2. 园林组价注意事项

（1）乔木与灌木不能混套定额

乔木树干高大，根部生出直立主干，一般高达 6m 以上，树干和树冠区分明显，如银杏、香樟、杨梅、桂花、樱花、红叶李、苏铁、木棉、松树、玉兰、白桦等。按秋冬季是否落叶分为落叶乔木和常绿乔木。棕榈树、椰子树等棕榈类树木参照定额棕榈类子目（按地径分 15cm、20cm……）执行。定额对裸根乔木种植、带土球种植按树干胸径（1.2m 高处树干直径或地径）设置了不同的子目。

灌木没有明显主干、成熟植株在 3 m 以下（一般不超过 6m）、矮小而丛生的多年生木本植物。一般可分为观花、观果、观枝干等几类，如茶花、玫瑰、杜鹃、牡丹、小檗、黄杨、沙地柏、铺地柏、连翘、迎春、月季、茉莉、沙柳、含笑等。

（2）灌木栽植与片植栽植要区分

灌木栽植一般为不规则栽植，具体看图纸设计要求，有的三株或五株群植为常见。定额对灌木栽植，按冠径大小设置带土球和裸根种植不同子目，以及成片（含花、草）栽植按株数 /m^2 设置了不同的子目。

栽植单排或双排绿篱按高度（≤ 40cm、≤ 60cm）设置不同定额子目计算，计量单位为延长米。

（3）苗木、花卉主材损耗

苗木、花卉主材损耗需考虑运输、栽植损耗及保证成活而采取的措施费用。

1）定额基价中考虑了绿化种植季节苗木的正常损耗：带土球类损耗率为 1%，不带土球类苗木、攀缘植物、水生植物损耗率为 1.5%，草根、草皮、草块损耗率为 8%。

如果项目情况特殊，要求在反季节种植苗木，投标人要考虑反季节苗木栽植损耗特别高，需要根据实际情况在定额正常损耗率上再增加 30%~50% 或 100% 进行计价。反季节是指北方的每年 7 月下旬至 9 月（具体查看当地绿化定额说明）。

2）措施费用：为保证成活而采取的措施费用，例如树木支撑、滴营养液、加营养土、搭设遮阴棚、搭设脚手支架等费用。尤其是一些特殊苗木的种植，还需要制定专项施工方案进行单独计取。

（4）苗木栽植与迁移花木的区别

苗木栽植定额工作内容：从挖坑开始至栽植，到竣工验收（或种植养护）结束，指外购苗木运到现场种植，包括挖坑、场内搬运、栽植（落坑、扶正、回土、捣实、筑水围）、浇定根水、覆土、保墒、整形和清理等内容。

迁移花木包括修剪、起苗、回填树坑、场地清理、清运树枝及树尾等工作内容。

（5）其他注意事项

各地园林绿化定额各子目设置工作内容不完全一致，因此套取定额时还需注意以下事项：

1）草籽播种是否可以调整，苗木根部如果加生根粉如何计算。

2）施基肥、筑水围是否单独计算等，具体看当地绿化定额子目说明和计算规则。

3）苗木栽植用水按自来水考虑，现场内如果没有水源，可增加洒水车浇水定额子目（洒水车浇水未含苗木用水量）。

4）定额水平运输默认按 100m 范围（具体查看当地定额说明，不同地区运输距离规定可能不同）内考虑，但由于现场条件有限，材料、植物不能一次运输到达堆放地点或者从堆放地到达安装地点超过水平运距 100m，超过部分需要办理现场签证计算二次转运费。

5）人工换土包括原土过筛子内容。特别是带土球移植，苗木的土球就是原来生长的土，一般不需要再换土。

6）定额内的栽植土壤是指种植土，绿化施工现场挖土为一、二类土，如实际现场为三、四类土，则需要按定额计算规则乘以系数进行调整。

3. 养护费用计算

（1）园林植物的养护，通常可以分为两个阶段

1）第一阶段为栽植期间养护，就是从种植完成到竣工验收前阶段的养护，该阶段养护费用已包括在当地园林定额种植子目基价中，无须重复计算养护费用。

2）第二阶段称为竣工验收合格后的绿化日常养护管理，其养护费用的计算是根据苗木品种、数量，乘以定额子目相应养护年限（或月份）系数乘以定额基价。不同省份园林绿化计价定额有具体养护期限和计价依据，具体养护费用的计算和解读可参考精通篇内容，此处不再赘述。

（2）园林绿化建筑工程、园林绿化安装工程的界定

园林绿化工程费用标准分为园林绿化建筑工程和园林绿化安装工程，除了第 6 章喷泉、喷灌工程执行园林绿化安装工程费用标准，其他项目及章节均按园林绿化建筑工程费用标准执行。

4. 新手组价的 3 个步骤

（1）选择适合定额：对号入座，按设计要求种植规格型号找到最适合的定额子目。

（2）对比工作内容：理解园林绿化定额基价的工作内容。定额中基价就是人工 + 材料 + 机械，定额是消耗量定额，消耗量 = 净用量 + 损耗，园林绿化定额子目中有不同苗木主材的消耗量损耗，苗木主材价格 = 苗木主材量 × [1+ 苗木材料损耗系数（%）] × 主材价格。

（3）基价转换（软件中为定额换算）：如果人工、材料、机械费用中的某种价格变动就需要基价转化（定额换算），把原本定额基价中某种人材机的价格替换为变动后的新价格，但主材损耗不变。

需注意：组价过程中若出现设计图纸与实际现场不符的情况，需要结合现场实际情况进行组价计价。例如，挖土方套取定额时，现在实际施工中基本采用机械进行挖土，若由于现场场地条件狭窄，大型机械进不去，只能采用人工挖土，需要套取人工挖土、人工装车等定额。

5. 工程量清单组价软件操作

软件中编制完工程量清单后，作为招标人还需编制最高投标限价，在软件中编制最高投标限价主要包括分部分项组价、措施项目组价。

（1）分部分项组价

编制最高投标限价首先需要针对分部分项清单进行组价，分部分项组价包含定额输入、定额工程量输入、定额换算和调价等内容。

1）定额输入：定额输入有两种方式，可以在编码栏直接输入定额编码，也可以通过“查询定额”或“清单指引”的方式进行定额录入，如图 3.2.9 所示。

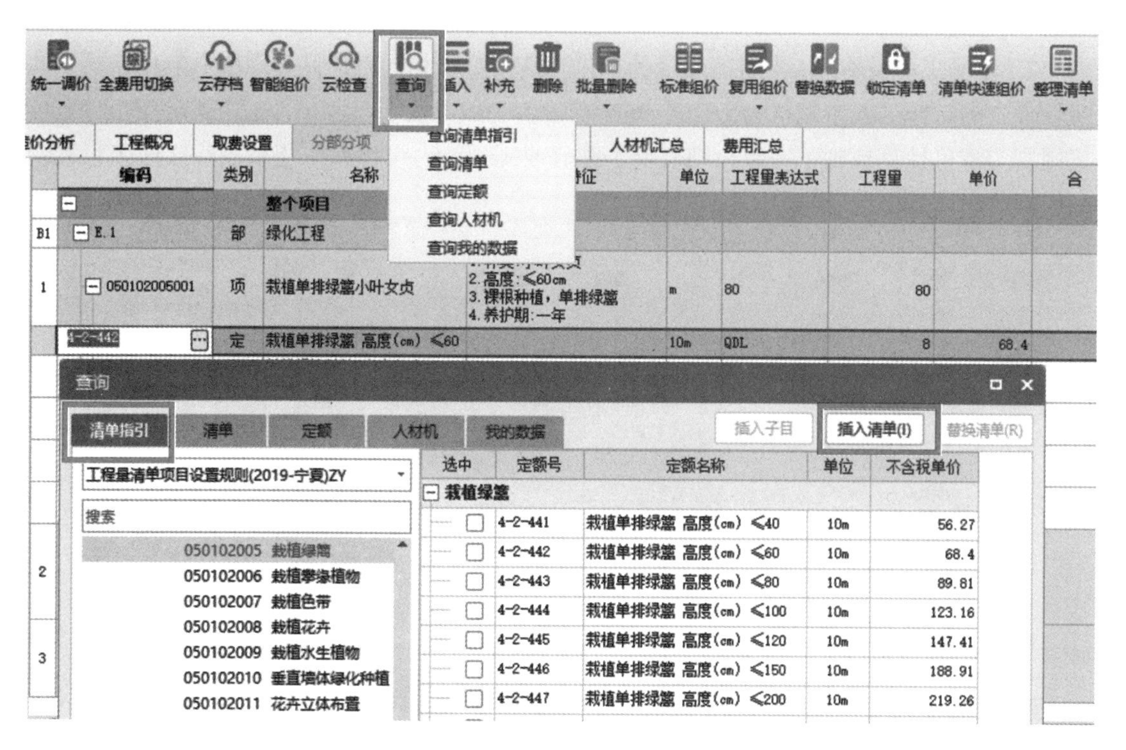

图 3.2.9 清单指引方式录入定额

如果是定额库中没有的子目，比如某工程中的透水铺装，可以点击工具栏“补充”或鼠标右键单击“补充子目”，通过补充子目的方式输入定额，如图 3.2.10 所示。

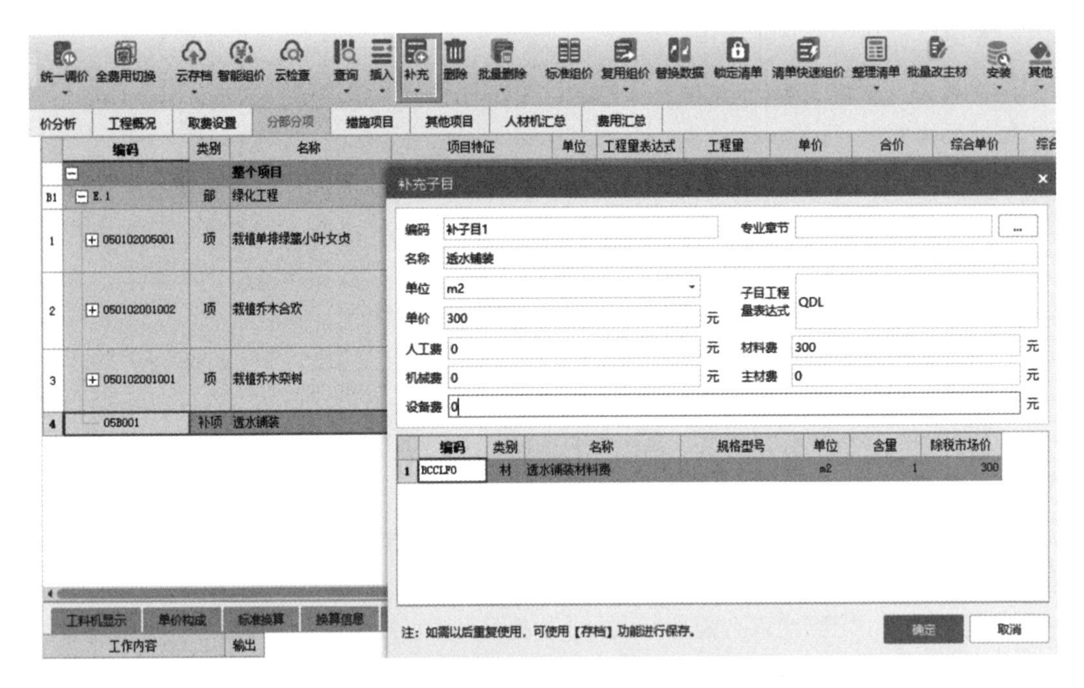

图 3.2.10　补充子目

2）定额工程量输入：当定额子目的单位与清单单位相同时，计算规则一般也相同，此时软件中的定额工程量默认为 QDL，即清单量，一般不需要单独修改；如果定额工程量计算规则与清单计算规则不一致，则需要手动修改工程量，可以在工程量表达式或工程量明细中修改定额工程量，如图 3.2.11 所示。

价分析　工程概况　取费设置　分部分项　措施项目　其他项目　人材机汇总　费用汇总

	编码	类别	名称	项目特征	单位	工程量表达式	工程量
	整个项目						
B1	E.1	部	绿化工程				
1	050102005001	项	栽植单排绿篱小叶女贞	1.种类:小叶女贞 2.高度:≤60cm 3.裸根种植，单排绿篱 4.养护期:一年	m	80	80
	4-2-442	定	栽植单排绿篱 高度(cm) ≤60		10m	QDL	8
	4-2-608	定	单排绿篱养护 高度(cm) ≤100		10m/月	QDL	8
	4-2-608 *0.7	换	单排绿篱养护 高度(cm) ≤100 单价*0.7		10m/月	QDL*2	16
	4-2-608 *0.4	换	单排绿篱养护 高度(cm) ≤100 单价*0.4		10m/月	QDL*3	24
	4-2-608 *0.3	换	单排绿篱养护 高度(cm) ≤100 单价*0.3		10m/月	QDL*6	48

工料机显示　单价构成　标准换算　换算信息　安装费用　特征及内容　组价方案　工程量明细　反查图

	内容说明	计算式	结果	累加标识	引用代码
0	计算结果		0		
1		0	0	☑	
2		0	0	☑	
3		0	0	☑	

图 3.2.11　定额工程量输入

3）定额换算：套取完定额子目后，需要根据实际情况判断是否需要换算。当工程实际情况与标准定额不同时，需要进行定额换算，具体可以分为标准换算、单子目换算和批量换算三种方式，如图 3.2.12 所示。

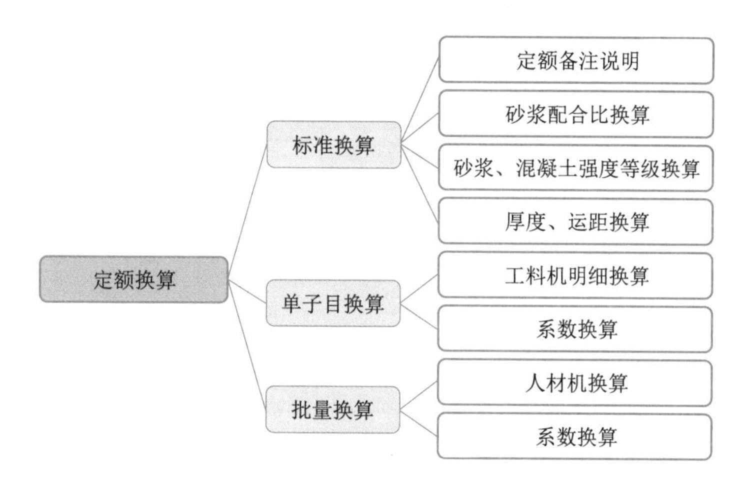

图 3.2.12　定额换算方式

①第一种是标准换算，主要包括定额章节说明中备注的换算内容，砂浆配合比换算，砂浆、混凝土强度等级换算，厚度、运距换算等。标准换算内容，均在下方属性窗口中的“标准换算”下完成。具体软件操作流程如下。

A. 定额章节说明中备注的换算内容：

例如，土石方工程的章节说明中，第八条中说明“机械挖、运湿土时，相应项目人工、机械乘以系数 1.15”，在软件中对应的定额子目的标准换算窗口，会内置对应的系数换算内容，如果项目特征描述中挖土方为湿土时，在换算内容后面打钩即可，如图 3.2.13、图 3.2.14 所示。

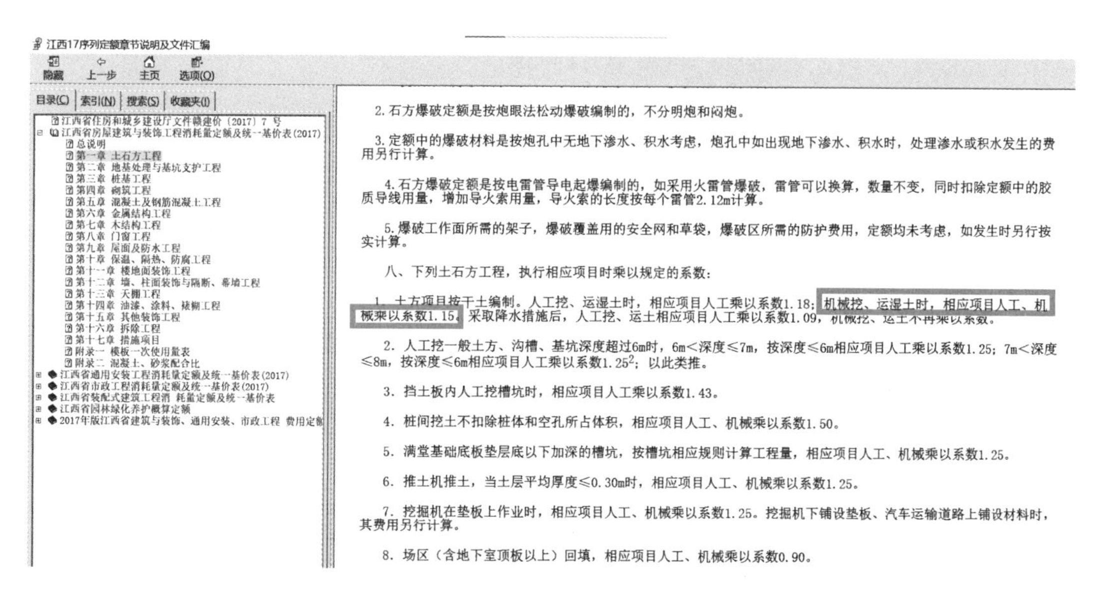

图 3.2.13　定额章节说明

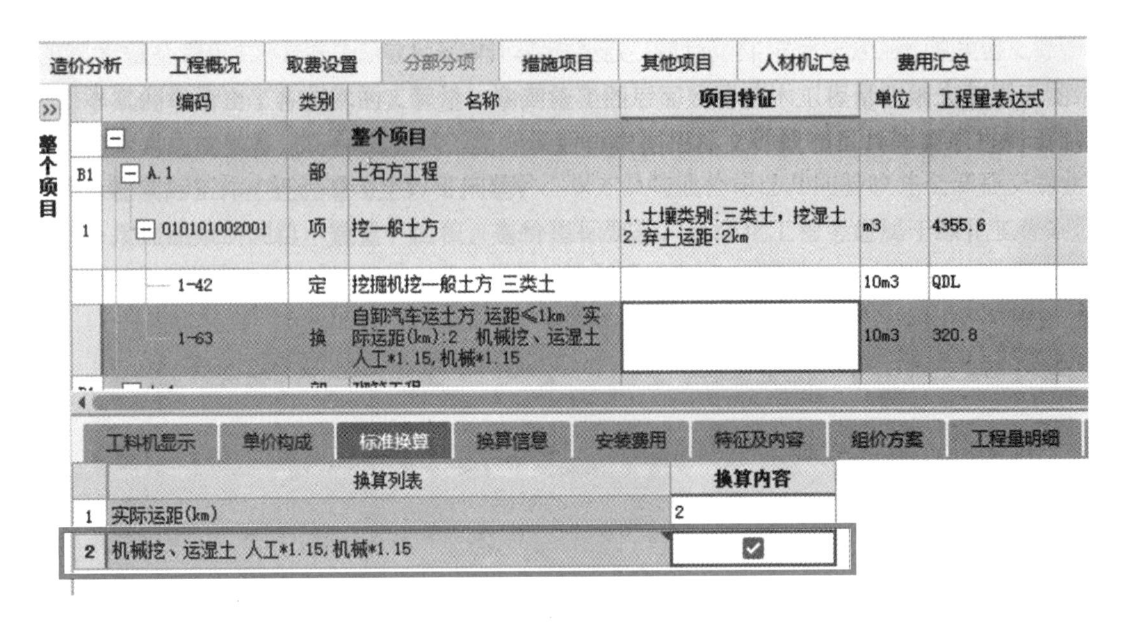

图 3.2.14 定额章节说明换算

B. 砂浆、混凝土强度等级换算：

例如，砖基础清单中，砖基础定额子目（以江西 2017 定额为例）默认的干混砌筑砂浆强度等级为 M10，项目特征描述中的干混砂浆强度等级为 M5，则需要在下方"标准换算"窗口第 2 行，选择相应的砂浆强度等级，即可完成砂浆强度等级的换算，如图 3.2.15 所示。

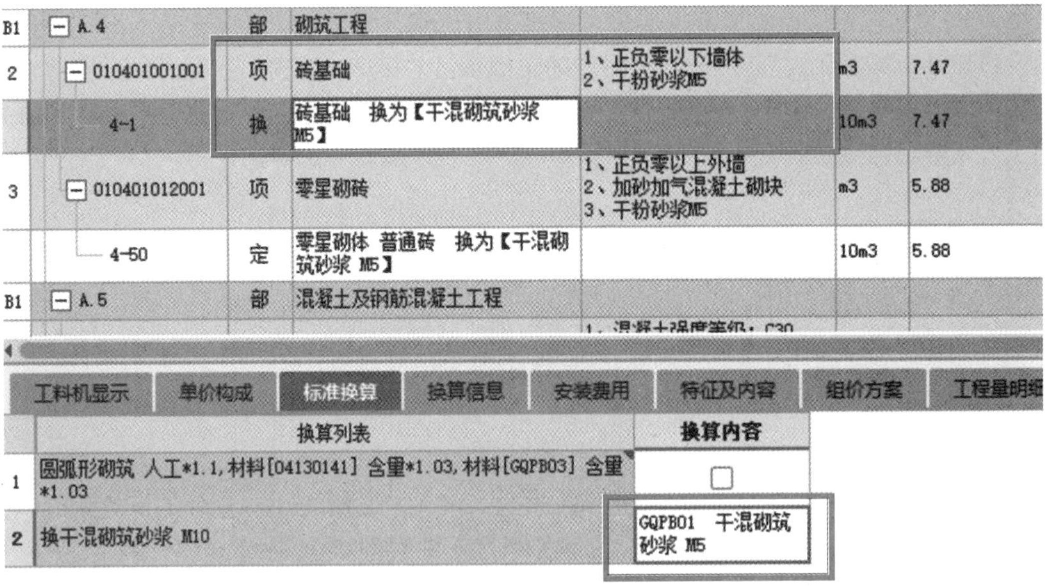

	编码	类别	名称	项目特征	单位	工程量表达式
B1	A.4	部	砌筑工程			
2	010401001001	项	砖基础	1、正负零以下墙体 2、干粉砂浆M5	m3	7.47
	4-1	换	砖基础 换为【干混砌筑砂浆 M5】		10m3	7.47
3	010401012001	项	零星砌砖	1、正负零以上外墙 2、加砂加气混凝土砌块 3、干粉砂浆M5	m3	5.88
	4-50	定	零星砌体 普通砖 换为【干混砌筑砂浆 M5】		10m3	5.88
B1	A.5	部	混凝土及钢筋混凝土工程			

工料机显示 单价构成 标准换算 换算信息 安装费用 特征及内容 组价方案 工程量明细

	换算列表	换算内容
1	圆弧形砌筑 人工*1.1,材料[04130141] 含量*1.03,材料[GQPB03] 含量*1.03	☐
2	换干混砌筑砂浆 M10	GQPB01 干混砌筑砂浆 M5

图 3.2.15 砂浆强度等级换算

C. 运距换算：

例如，挖一般土方清单的项目特征描述中运距为 2km，套取的基础定额运距为 1km 以内，则需要在"标准换算"中输入实际运距 2，完成运距换算，如图 3.2.16 所示。

造价分析 | 工程概况 | 取费设置 | 分部分项 | 措施项目 | 其他项目 | 人材机汇总 | 费用汇总

	编码	类别	名称	项目特征	单位	工程量表达式
			整个项目			
B1	A.1	部	土石方工程			
1	010101002001	项	挖一般土方	1.土壤类别:三类土、挖湿土 2.弃土运距:2km	m3	4355.6
	1-42	定	挖掘机挖一般土方 三类土		10m3	QDL
	1-63	换	自卸汽车运土方 运距≤1km 实际运距(km):2 机械挖、运湿土 人工*1.15,机械*1.15		10m3	320.8
B1	A.4	部	砌筑工程			
2	010401001001	项	砖基础	1、正负零以下墙体 2、干粉砂浆M5	m3	7.47
	4-1	换	砖基础 换为【干混砌筑砂浆M5】		10m3	7.47
				1、正负零以上外墙		

工料机显示 | 单价构成 | 标准换算 | 换算信息 | 安装费用 | 特征及内容 | 组价方案 | 工程量明细

	换算列表	换算内容
1	实际运距(km)	2
2	机械挖、运湿土 人工*1.15,机械*1.15	✓

图 3.2.16 运距换算

②第二种是单子目换算，包括工料机明细换算及系数换算。具体软件操作流程如下。

A. 工料机明细换算：

例如，需要进行材料替换，可以直接点击需要换算的子目，在下方属性窗口中“工料机显示”界面，点击材料名称后方[…]按钮可以进行材料库中的材料替换，如果没有对应材料，可以直接修改材料名称及材料信息，如图 3.2.17 所示。

造价分析 | 工程概况 | 取费设置 | 分部分项 | 措施项目 | 其他项目 | 人材机汇总 | 费用汇总

	编码	类别	名称	项目特征	单位
B1	A.12	部	墙、柱面装饰与隔断、幕墙工程		
10	011201001001	项	浅褐色无机涂料外墙面（外墙1）	1、浅褐色无机面层涂料+罩面涂膜 2、20厚M10干粉砂浆掺防水剂（二度成活） 3、聚合物抗裂砂浆4-6厚（压入一层加强型网格布） 4、30厚无机活性保温砂浆 5、界面剂一道	m2
	12-22	定	墙面界面剂		100m2
	10-54	定	墙、柱面 无机轻集料保温砂浆 厚度(mm) 25 实际厚度(mm):30		100m2
	10-75	定	墙、柱面 热镀锌钢丝网抗裂砂浆 厚度(mm) 4		100m2
	12-2	定	外墙（14+6)mm		100m2
	补子目1	补	浅褐色无机涂料		m2

工料机显示 | 单价构成 | 标准换算 | 换算信息 | 安装费用 | 特征及内容 | 组价方案 | 工程量明细

	编码	类别	名称	规格及型号	单位	损耗率	数量	不含税预算价	含量
1	00010104	人	综合工日		工日		73.80585	85	16.112
2	80070636	材	膨胀玻化微珠保温浆料		m3		13.22935	556.27	2.888
3	34110117	材	水		m3		15.11664	3.27	3.3
4	QTCLF-1	材	其他材料费		元		8.886752	1	1.94
5	990610…	机	灰浆搅拌机 200L		台班		1.83232	140.61	0.4

图 3.2.17 工料机明细换算

B. 系数换算：

针对一些需要自行调整人材机或者子目单价系数的，可以直接在“标准换算”右侧换算窗口输入对应的系数即可，如图 3.2.18 所示。

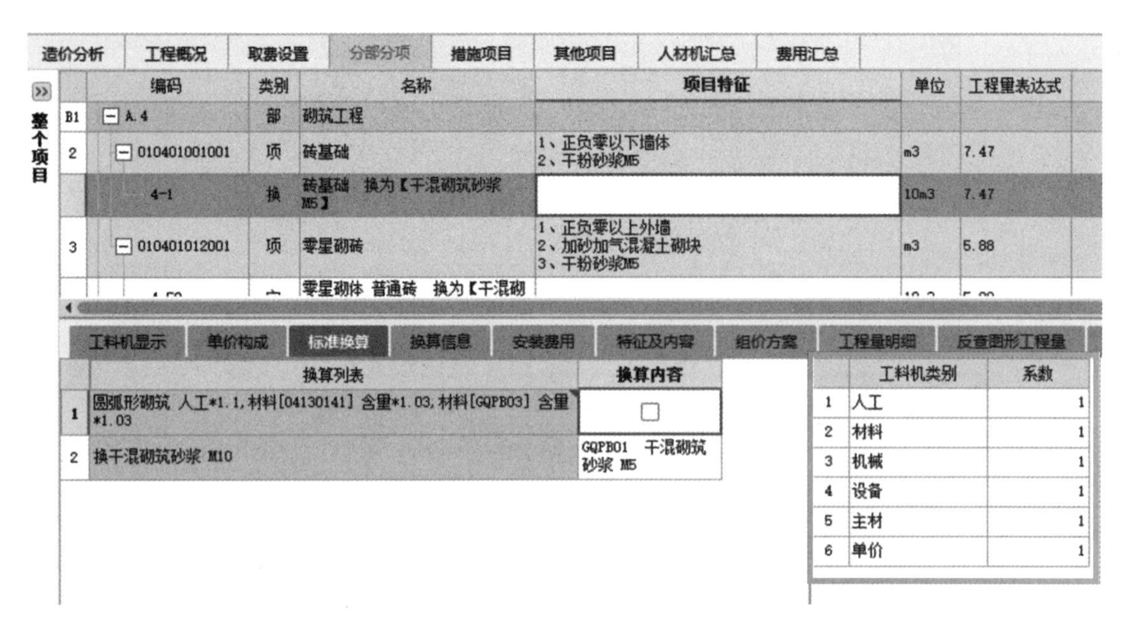

图 3.2.18　系数换算

③第三种是批量换算，批量换算可以对多条定额进行统一的人材机换算及系数换算，比如需要针对某一分部或某几条子目中的系数批量调整或者材料批量替换时，可以先选择需要换算的子目（支持 Ctrl 键选择多条），点击“其他”功能下“批量换算”功能，进行批量换算，如图 3.2.19 所示。

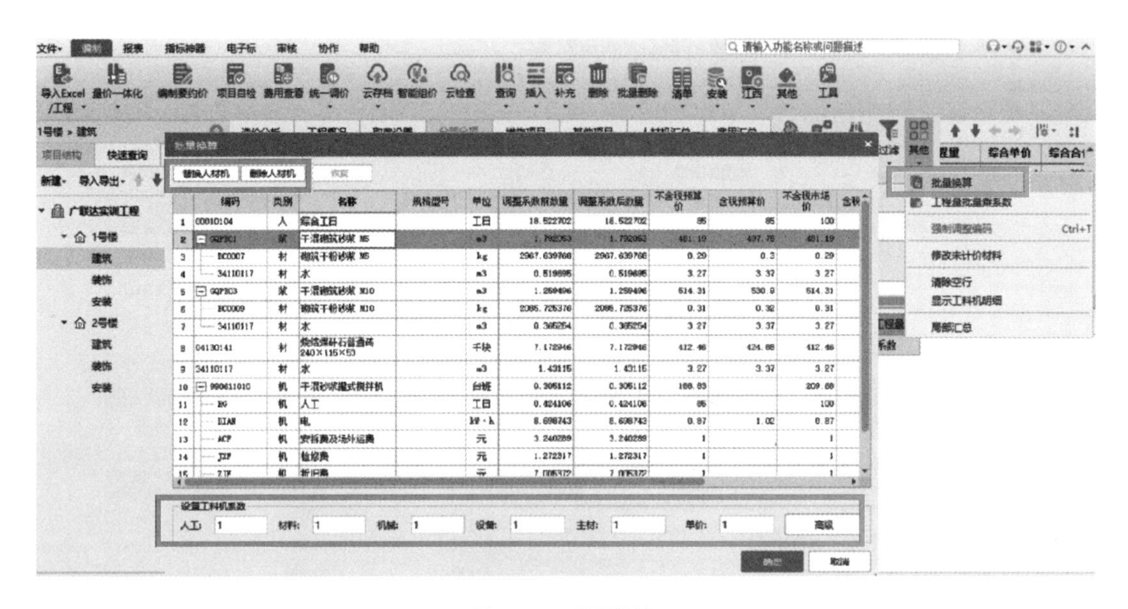

图 3.2.19　批量换算

（2）措施项目组价

分部分项工程量清单编制和定额组价完成后，接下来是措施项目的编制，措施项目分为总价措施和单价措施。总价措施主要包含安全文明施工费、临时设施费等，属于不可竞争费用范畴，按规范自动计算即可。需要注意的是，不同地区费用项是有区别的，需要根据当地文件要求，一般在新建工程时选择对应的地区，会自动关联当地的费用模板。单价措施主要包含树木支撑架、草绳绕树干等费用，一般直接找到相应的措施清单和子目套取即可，操作方式与分部分项清单定额编制的方式基本一致。

3.2.4　主材单价确定

1. 主材单价确定概述

在整个园林绿化预算编制过程中，苗木主材费用占比很大，对绿化造价影响也较大，一般占绿化造价的60%~70%。苗木名称、品种、规格、数量是依据施工设计图纸确定的。苗木主材单价确定顺序如下：

（1）当地工程造价站造价信息中有其相对应材料价的，依据《××省工程造价信息》中苗木主材价格（除税价格）计入。

（2）造价信息中没有的主材价可以在相关网站中查询，如中国苗木网、广材网、慧讯网、当地苗圃。

（3）大规格绿化苗木或名贵树木价格确定需要慎重。在苗木信息价中查询不到这类规格型号苗木价格的，需要根据项目景观具体要求事先号苗确定，另外移植大规格绿化苗木或名贵树木前需要做专项施工方案，根据苗木具体特性设计移植、运输、种植、施工技术保护措施、后期养护等专项方案，再综合确定移植费用、施工技术保护措施（包括提前切根、土球包装、大吨位汽车式起重机运输等）、运输、种植及种植后技术保护措施、后期养护等费用。由于大规格绿化苗木或名贵树木移植实际发生的费用比较高，需要综合考虑后进行报价。

2. 人材机调整软件操作

软件中分部分项及措施项组价完成后，人材机调整也是一个很重要的环节。点击进入人材机界面，下方窗口的“广材助手”提供全国各地不同时间的价格信息，包括信息价、专业测定价、市场价、企业材料库、特殊材料等。信息价是指政府指导价格；专业测定价是指专家+大数据分析的综合材料价格；市场价是指供应商发布的价格信息，广材网包含海量的供应商价格信息；企业材料库是指企业内部积累的历史工程价格信息；特殊材料也可进行人工询价。

软件中有三种方式修改人材机价格（图3.2.20）：

（1）批量修改：可以通过“批量载价”功能快速载入材料价格。

（2）广材助手修改：可以使用下方窗口的“广材助手”，软件自动搜索对应价格，也可通过输入关键字进行筛选（图3.2.20），找到对应价格后双击即可修改。

（3）手动修改：双击“除税市场价”等对应单元格，手动输入对应价格。

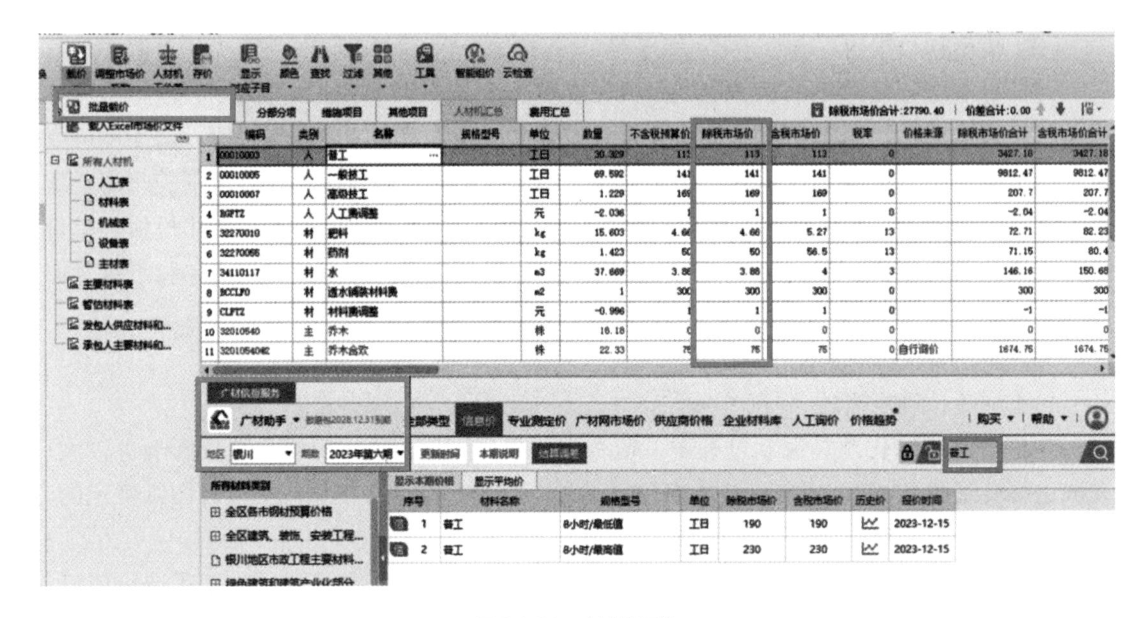

图 3.2.20　人材机调整

3.2.5　其他费用计算

1. 绿化工程一类、二类、三类取费确定

一般园林绿化综合费率分为三类（一类工程、二类工程、三类工程），是根据费用定额中绿地分类、绿化面积造价不同进行划分的，分两种划分方式进行：（1）以绿地一类、二类、三类标准进行划分；（2）以单位面积造价作为划分标准。需要根据不同的工程类别调整软件的取费设置。具体工程类别确定如图 3.2.21 所示。

<table>
<tr><th colspan="3">工程类别</th><th>一类工程</th><th>二类工程</th><th>三类工程</th></tr>
<tr><td rowspan="3">园林绿化工程</td><td colspan="2">绿地分类</td><td>全市性公园、区域性公园、儿童公园、动物园、植物园、历史名园、风景名胜公园、游乐公园、其他专类公园、高标准附属绿地、高标准居住区绿地、道路绿地单侧分车带宽度＞2m</td><td>居住区公园、小区游园、带状公园、街旁绿地、较高标准的附属绿地（较高标准居住区绿地、较高标准对外交通用地内绿地、道路绿地单侧分车带宽度≤2m、较高标准市政公用社会用地内的绿地）</td><td>生产绿地，防护绿地，一般标准的附属绿地，一般标准居住区绿地、一般标准公共设施用地内的绿地、工业用地内的绿地、仓储用地内的绿地、一般标准对外交通用地内的绿地、道路断面仅有人行道树木的绿化工程、停车场绿地、一般标准的市政公用设施用地内的绿地，其他绿地</td></tr>
<tr><td rowspan="2">工程单位面积造价（元/m²）</td><td>新建</td><td>＞600</td><td>＞300</td><td>≤300</td></tr>
<tr><td>改建</td><td>＞300</td><td>＞150</td><td>≤150</td></tr>
</table>

图 3.2.21　工程类别

确定好工程类别后，还需根据“综合费率表”（图 3.2.22）确定相应费用的费率及取费基数（人工费 + 机械费）。

综合费率表

专业工程名称	取费基础	工程类别	综合费率	措施项目费	企业管理费	利润
一般建筑工程	人工费+机械费	一类工程	53.5	18.87	19.63	15
		二类工程	48.5	17.67	19.63	11.2
		三类工程	43.28	16.51	19.63	7.14
构件制作兼安装工程	人工费+机械费	一类工程	34.91	10.9	11.16	12.85
		二类工程	31.74	10.67	11.16	9.91
		三类工程	24.42	9.15	11.16	4.11
构件单独安装工程	人工费+机械费	一类工程	53.85	17.18	24.32	12.35
		二类工程	48.64	14.76	24.32	9.56
		三类工程	40.14	11.82	24.32	4
市政建筑工程	人工费+机械费	一类工程	53.92	18.93	19.72	15.27
		二类工程	49.06	17.98	19.72	11.36
		三类工程	42.86	16.29	19.72	6.85
园林绿化建筑工程	人工费+机械费	一类工程	42.46	13.78	16.56	12.12
		二类工程	37.26	11.74	16.56	8.96
		三类工程	31.84	9.63	16.56	5.65
单独装饰装修工程	人工费	一类工程	38.55	11.27	10.35	16.93
		二类工程	32.83	9.21	10.35	13.27
		三类工程	27.79	7.37	10.35	10.07
市政安装工程	人工费	一类工程	42.47	12.46	18.81	11.2
		二类工程	38.9	10.91	18.81	9.18
		三类工程	32.64	8.88	18.81	4.95
安装工程	人工费	一类工程	34.42	9.78	14.58	10.06
		二类工程	31.02	8.15	14.58	8.29
		三类工程	26.01	6.69	14.58	4.74
园林绿化安装工程	人工费	一类工程	31.91	9.7	12.83	9.38
		二类工程	28.6	8.12	12.83	7.65
		三类工程	23.55	6.4	12.83	4.32
单独机械施工土石方工程	人工费+机械费	一类工程	9.35	3.73	2.6	3.02
		二类工程	8.24	3.5	2.6	2.14
		三类工程	7.15	3.24	2.6	1.31
修缮工程	人工费+机械费	二类工程	33.75	12.36	13.36	8.03
		三类工程	28.53	10.06	13.36	5.11

图 3.2.22　综合费率表

2. 其他有关费用计算

（1）在园林绿化工程中，应另行计算苗木、花卉主材的费用。

（2）种植前绿化用地的垃圾清理及障碍物清运，不属于绿化工程费用，需要办理现场签证并入工程直接费中。

（3）材料超运距（超过当地绿化定额规定的范围以内）运输费用，需要按实际发生办理签证并入工程直接费中（图 3.2.23）。

（4）后期养护费可参照《园林绿化计价定额》养护期定额章节植物养护内容执行。

3. 其他费用软件处理

软件中对于工程中的所有取费设置均在“取费设置”中调整，包括工程类型、各种费率、人工机械费调整等政策文件。

园林绿化工程类别划分说明

一、一个单位工程满足园林绿化工程类别划分标准表中的一个条件即可执行相应工程类别标准。

二、其他有关费用的计算。

1. 在园林绿化工程中，应另行计算苗木、花卉的费用，种植前清理垃圾及障碍物费用，材料超运距（超过施工地点50m的范围以内）运输费用。此费用应并入直接工程费中。

后期管理费的计算可参照《园林绿化工程计价定额》中的施工期的植物养护执行。

2. 单独招标的绿化养护工程按三类园林绿化工程类别划分标准执行。

三、园林绿化建筑工程、园林绿化安装工程的界定。

园林绿化工程中费用标准分为园林绿化建筑工程和园林绿化安装工程，为了准确划分并执行相应的费用标准，具体说明如下：

除了第六章“喷泉喷灌工程”执行“园林绿化安装工程”费用标准外，其他项目与章节均按园林绿化建筑工程费用标准执行。

图 3.2.23　园林绿化工程类别划分说明

在项目结构界面，点击项目名称，切换到项目界面，点击“取费设置”，即可统一查看及调整整个项目工程的费率，清晰直观（如果单位工程取费设置与整个项目取费设置不同时，各单位工程按其单位工程的取费设置费率取费），如图 3.2.24 所示。

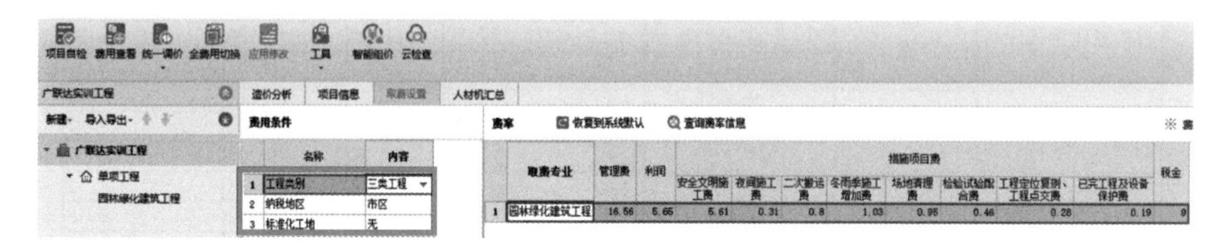

图 3.2.24　取费设置

4. 软件结果输出

最后一步是成果文件输出。在输出结果之前，需要对工程文件进行检查，检查工程文件是否满足招标接口格式要求及规范要求，检查相同清单综合单价是否一致、相同材料价格是否一致等，保证文件完整、准确、价格合理。点击“项目自检”，选择检查方案后执行检查，根据检查结果双击定位检查校核即可，如图 3.2.25 所示。

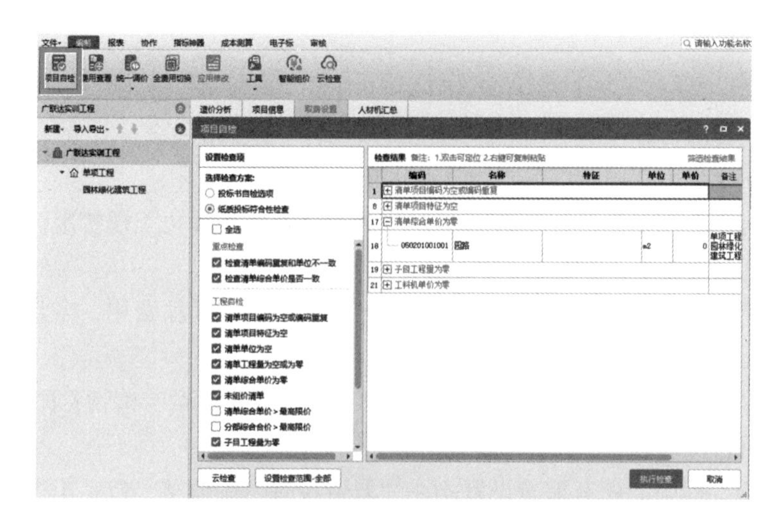

图 3.2.25　项目自检——电子招标书

自检完成后即可以选择生成电子招标书，菜单栏切换到电子标窗口，点击“生成招标书”按钮，选择导出位置，点击确定即可生成电子标书接口文件，如图 3.2.26 所示。

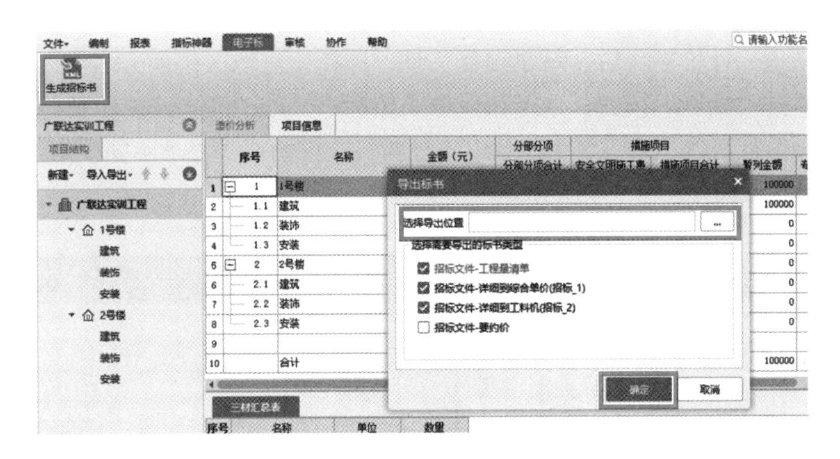

图 3.2.26　生成招标书

此外，也可以导出报表文件。菜单栏切换到报表界面，可以通过批量导出 Excel、批量导出 PDF、批量打印等功能，当多个单位工程的相同报表都需要导出时，可以点击“选择同名报表”，即可选中多个工程的相同名称的报表，批量导出或打印报表，如图 3.2.27 所示。

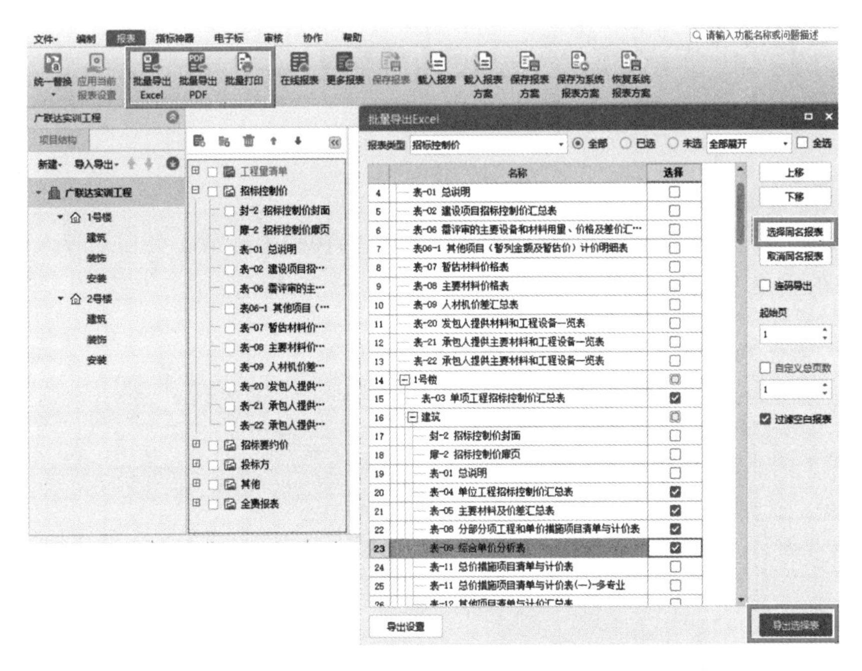

图 3.2.27　批量导出或打印报表——电子招标书

3.2.6　投标文件编制

以上是最高投标报价的编制流程，投标文件的编制流程与最高投标报价编制流程基本相同，只是无须编制工程量清单，涉及的业务知识也基本相同，只是从软件操作角度来看，新建工程时略有差异，根据招标文件要求，需要区分投标项目是电子标还是纸质标，两者导入的文件格式不同。电子标必须导入电子招标接口文件，纸质标则可以导入对应的Excel招标清单。具体软件操作流程如下。

1. 电子招标书导入

启动广联达云计价平台后，新建预算文件，选择相应地区，点击“投标项目”，点击电子招标书后方“浏览”按钮，选择相应电子招标书文件，点击“立即新建”，即完成电子招标的投标项目新建。全国各个地区电子标接口文件的格式要求不同，但是软件导入流程是一致的，具体操作如图3.2.28所示。

图3.2.28 新建投标项目——电子标

电子招标书导入完成后，项目基本信息、项目结构和招标清单会自动导入软件中。接下来对具体的单位工程进行相应的组价即可，如图3.2.29所示。

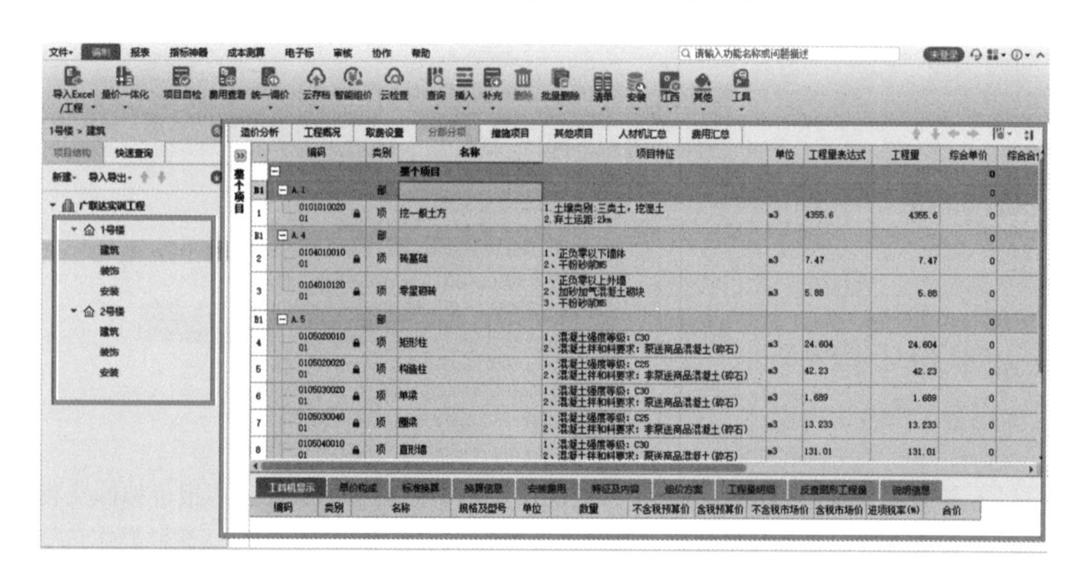

图3.2.29 电子投标文件编制

2. 纸质标书导入

启动广联达云计价平台后，点击新建预算→选择相应的地区→投标项目，输入项目名称、项目编码、定额等基本信息后，即可完成投标项目新建。纸质标新建项目时无须导入招标书，如图 3.2.30 所示。

图 3.2.30　新建投标项目——纸质标

进入主界面以后，软件自动新建三级项目管理，分别为整个项目、单项工程、单位工程；点击整个项目行可以新建单项工程，点击单位工程行，单击鼠标右键选择“快速新建单位工程”，可以按专业快速完成单位工程的建立，如图 3.2.31 所示。

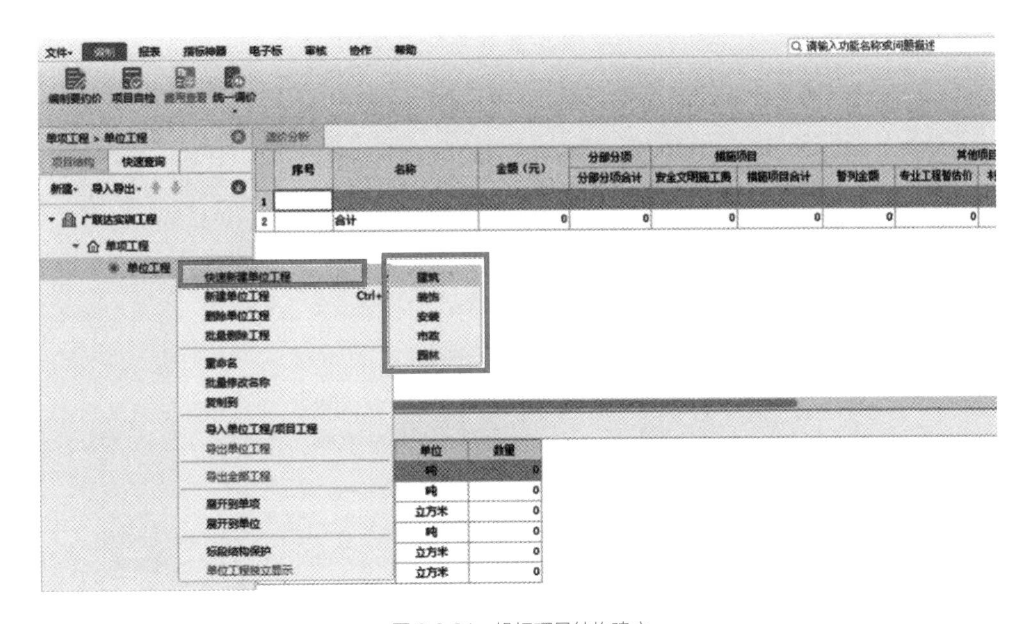

图 3.2.31　投标项目结构建立

投标项目建立完成后，切换到单位工程界面，选择需要编制的单位工程，通过左上角“导入 Excel 文件”，选择 Excel 工程量清单，如果 Excel 表格有多个页签，可以在弹出窗口“选择数据表”切换页签。导入清单后，软件会自动进行数据匹配，首先检查列数据是否匹配正确，包括项目编码、项目名称、项目特征描述、计量单位和工程量，这五列需要一一对应正确。如不正确，点击表头下拉选择正确列数据，检查无误后再点击“识别行”按钮，软件会自动匹配行数据，检查行数据匹配是否正确。如不正确，点击最左侧单元格下拉选择正确数据，检查无误后再点击右下角“导入”即可，如图 3.2.32 所示。

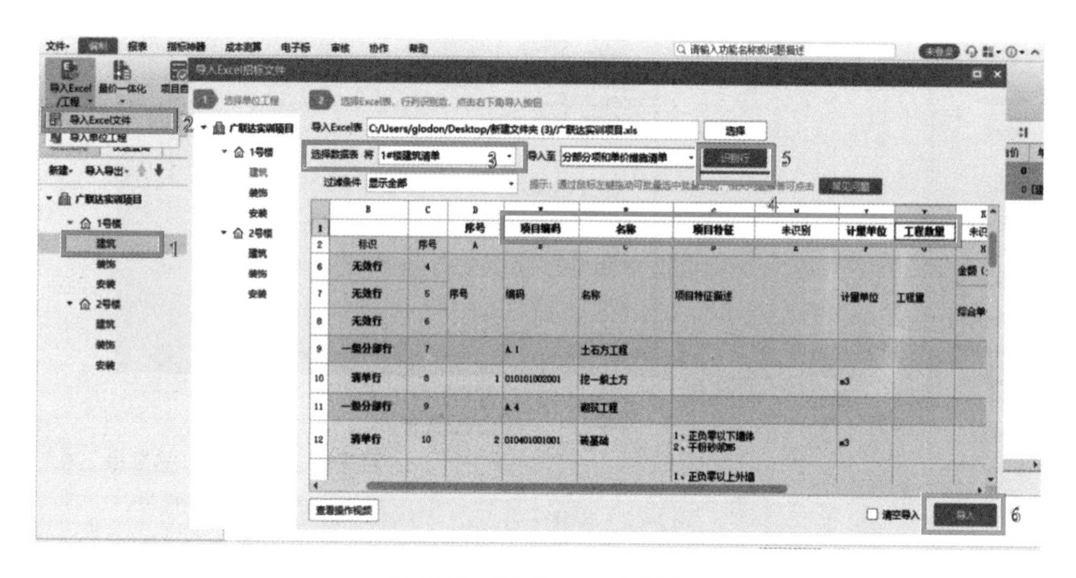

图 3.2.32　导入 Excel 工程量清单

所有单位工程的 Excel 招标清单都导入完成以后，再对具体的单位工程编制组价即可，如图 3.2.33 所示。

文件 编制 报表 指标神器 成本测算 电子标 审核 协作 帮助

导入Excel/工程 量价一体化 项目自检 费用查看 统一调价 云存档 智能组价 云检查 查询 插入 补充 删除 批量删除 清单 安装 江西 其他 工具

1号楼 > 建筑　项目结构　快速查询　新建 导入导出

广联达实训项目　1号楼　建筑　装饰　安装　2号楼　建筑　装饰　安装

造价分析　工程概况　取费设置　分部分项　措施项目　其他项目　人材机汇总　费用汇总

	编码	类别	名称	项目特征	单位	工程量表达式	工程量	综合单价
			整个项目					0
B1	A.1	部	土石方工程					0
1	01010100…	项	挖一般土方		m3	0	0	0
		定	自动提示：请输入子目简称				0	0
B1	A.4	部	砌筑工程					0
2	010401001001	项	砖基础	1、正负零以下墙体 2、干粉砂浆M5	m3	0	0	0
		定	自动提示：请输入子目简称				0	0
3	010401012001	项	零星砌砖	1、正负零以上外墙 2、加砂加气混凝土砌块 3、干粉砂浆M5	m3	0	0	0
		定	自动提示：请输入子目简称				0	0
B1	A.5	部	混凝土及钢筋混凝土工程					0
4	010502001001	项	矩形柱	1、混凝土强度等级：C30 2、混凝土拌和料要求：泵送商品混凝土(碎石)	m3	0	0	0
		定	自动提示：请输入子目简称				0	0
5	010502002001	项	构造柱	1、混凝土强度等级：C25 2、混凝土拌和料要求：非泵送商品混凝土(碎石)	m3	0	0	0

工料机显示　单价构成　标准换算　换算信息　安装费用　特征及内容　组价方案　工程量明细　反查图形工程量　说明信息

编码	类别	名称	规格及型号	单位	数量	不含税预算价	含税预算价	不含税市场价	含税市场价	进项税率(%)	合价

图 3.2.33　投标组价编制

3. 投标文件结果输出

投标报价的编制过程与最高投标报价编制过程相同，此处不再赘述。完成投标组价后，需要对工程文件进行检查，检查工程文件是否满足招标接口格式要求及规范要求，检查相同清单综合单价是否一致、相同材料价格是否一致等，保证文件完整、准确、价格合理。点击“项目自检”，选择检查方案执行检查，根据检查结果双击定位检查校核即可，如图 3.2.34 所示。

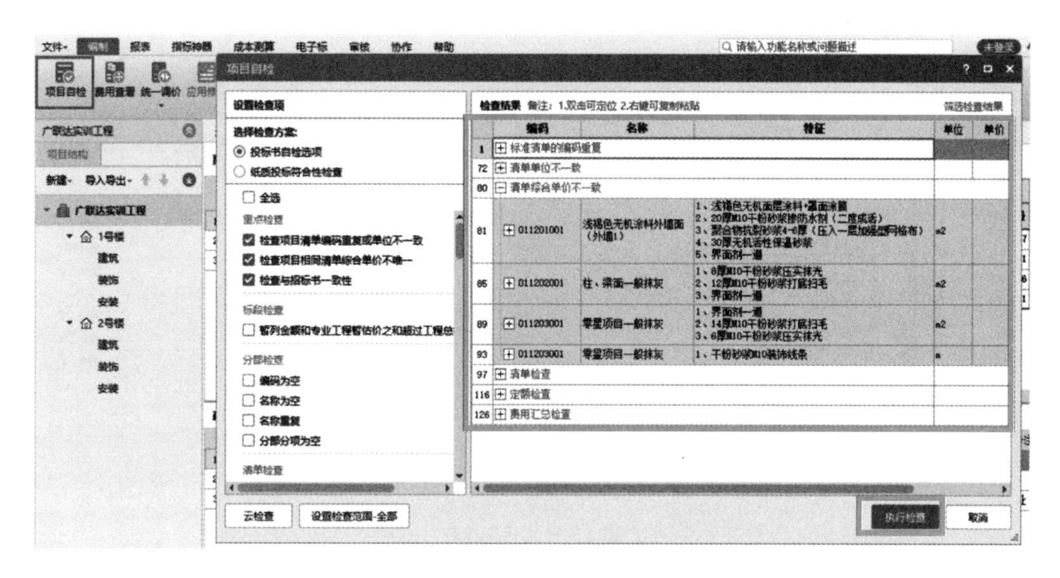

图 3.2.34　项目自检——投标文件

如果在电子投标过程中，招标文件有更新，重新发了答疑文件，投标人可以点击“更新招标书”，有变化的部分会更新过来，同时可以保留已套取的子目，如图 3.2.35 所示。

图 3.2.35　更新招标书

针对电子标，还需通过“投标检测”进行文件校验和清标分析（图 3.2.36），保证没有数据异常。项目自检和投标检测均通过后即可生成电子投标书。菜单栏切换到电子标窗口，点击“生成招标书”按钮，选择导出位置，点击确定即可生成电子标书接口文件，如图 3.2.37 所示。

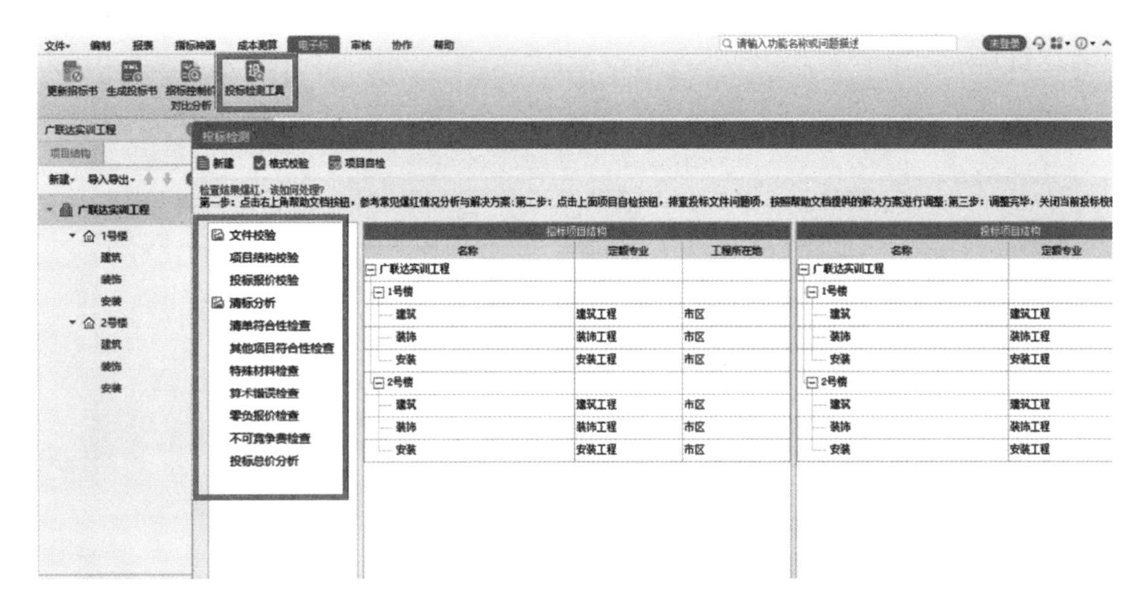

图 3.2.36 投标检测

图 3.2.37 生成投标书

此外，也可以导出报表文件。菜单栏切换到报表界面，可以通过批量导出 Excel、批量导出 PDF、批量打印等功能，当多个单位工程的相同报表都需要导出时，可以点击“选择同名报表”，即可选中多个工程的相同名称的报表，批量导出或打印报表，如图 3.2.38 所示。

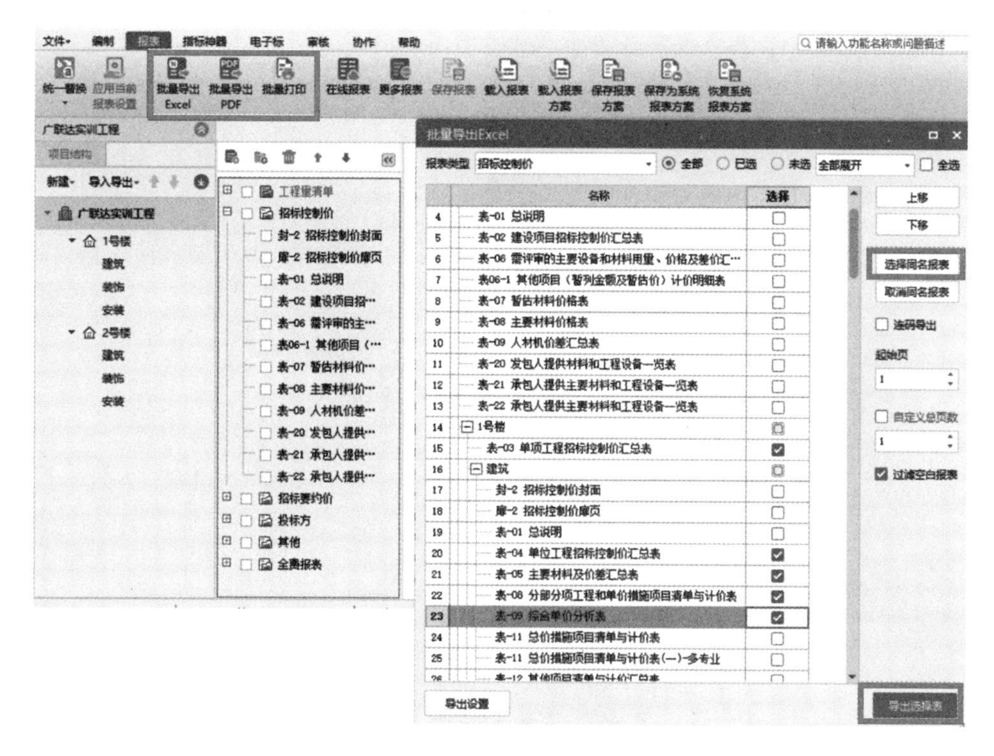

图 3.2.38　批量导出或打印报表——投标文件

3.2.7　工程造价文件编制总结

以上就是工程造价文件编制的主要内容（图 3.2.39），包括识图、工程量清单编制、工程量清单组价、主材单价确定、其他费用计算。识图可结合第 2 章相关内容；工程量清单中五要素可结合第 1 章 1.4.2 节相关内容，包含项目名称、项目特征、工程量计算规则及软件中工程量清单编制流程等相关内容；工程量清单组价包含定额子目内容、组价注意事项、养护费用计算、新手组价步骤及软件组价流程等内容；主材单价确定后，软件中可在人材机汇总中调整；最后确定工程类别的取费及其他相关费用，并在软件中取费设置中进行调整，最终输出工程造价文件结果，完成工程造价文件编制工作。

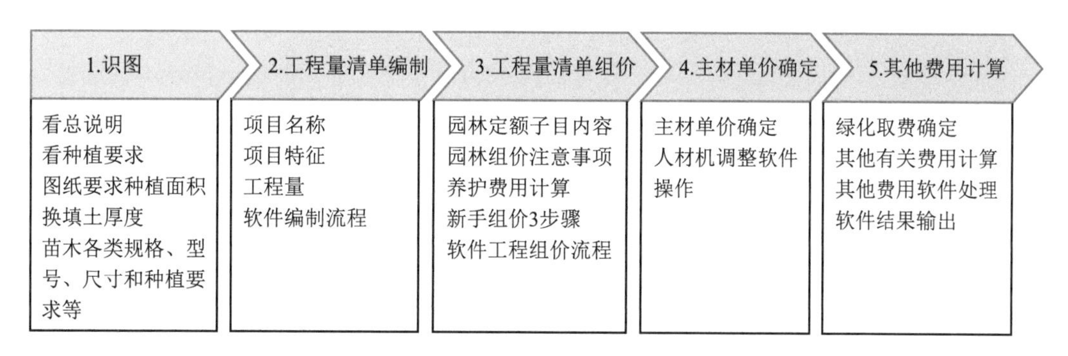

图 3.2.39　工程造价文件编制总结

第2篇

精通篇

本篇为精通篇。本篇将从园林绿化工程的计量和计价两个方面入手，通过定额计算规则及说明解读，带您深入探索园林工程造价文件编制要点；通过典型案例，带您巩固所学知识，轻松应对园林工程造价文件编制。

第 4 章　土石方工程计量与计价

4.1　园林绿化定额总说明

〖条文〗

一、《园林绿化工程计价定额》（以下简称本定额）包括：土石方工程，绿化工程，园路、园桥工程，园林景观工程，屋面工程，喷泉及喷灌工程，边坡绿化生态修复工程及措施项目共八章。

二、本定额是国有资金投资建设工程项目编制及审查投资估算、设计概算、最高投标限价（招标控制价）的依据，是编制企业定额、投标报价、调解处理工程造价纠纷的参考。

三、本定额适用于城镇范围内的新建、扩建和改建园林绿化工程。

四、本定额以国家和有关部门发布的国家现行设计规范、施工及验收规范、技术操作规程、质量评定标准、产品标准和安全操作规程，现行工程量清单计价规范、计算规范和有关定额为依据编制，并参考了本地区和行业标准、《园林绿化工程计价定额》（2013 年版），以及典型工程设计、施工和其他资料。

五、本定额按正常施工条件，区内大多数施工企业采用的施工方法、机械化程度和合理的劳动组织及工期进行编制。

1. 设备、材料、成品、半成品、构配件完整无损，符合质量标准和设计要求，附有合格证书和试验记录。

2. 正常的气候、地理条件和施工环境。

六、本定额未包括的项目，可按其他相应工程消耗量定额计算，如仍缺项的，应编制补充定额。

〖要点说明〗

略。

〖条文〗

七、关于人工。

1. 本定额中的人工以合计工日表示，并分别列出普工、一般技工和高级技工的工日消耗量。

2. 本定额中的人工包括基本用工、超运距用工、辅助用工和人工幅度差。

3. 本定额中的人工每工日按 8 小时工作制计算。

〖要点说明〗

定额中的人工每工日按 8 小时工作制计算。不同省份由于编制定额的时间不同，所列工种不同，工日单价也不相同。

〖条文〗

八、关于材料。

1. 本定额中的材料包括施工中消耗的主要材料、辅助材料、周转材料和其他材料。

2. 本定额中的材料（不含植物）消耗量包括净用量和损耗量。损耗量包括：从工地仓库、现场集中堆放地点（或现场加工地点）至操作（或安装）地点的施工场内运输损耗、施工操作损耗，施工现场堆放损耗等，规范或设计文件规定的预留量、搭接量不在损耗率中考虑。

3. 本定额中的混凝土、砌筑砂浆、抹灰砂浆等均按半成品消耗量以体积（m^3）表示，其配合比由宁夏按现行规范及当地材料质量情况进行编制。

4. 本定额中所使用混凝土按运至施工现场的预拌混凝土编制，实际采用现场搅拌混凝土浇捣，人工、机械具体调整如下。

（1）增加一般技工 0.80 工日 /m^3。

（2）增加混凝土搅拌机（400L）0.052 台班 /m^3。

5. 定额中混凝土的养护，除另有说明外，均按自然养护考虑。

6. 本定额中所使用的砂浆均按预拌砂浆编制，实际采用现场拌和水泥砂浆，人工、机械具体调整如下。

（1）增加一般技工 0.382 工日 /m^3。

（2）扣除定额中干混砂浆罐式搅拌机机械消耗量，增加灰浆搅拌机（200L）0.02 台班 /m^3。

7. 本定额中所采用的材料、半成品、成品、规格型号与设计不符时，可按各章规定调整。

8. 本定额中的周转性材料按不同施工方法，不同类别、材质，计算出一次摊销量计入消耗量定额。

9. 本定额中的用量少、低值易耗的零星材料，列为其他材料。

〖要点说明〗

（1）园林绿化定额中不包含苗木主材价，计算时需要单独补充计入苗木主材价。

（2）材料消耗量=净用量+损耗量。比如种植100株裸根乔木，实际用量=100×（1+1.5%）（1.5%为损耗系数）=101.5（株）；种植 100m^2 草皮，实际用量 =100×（1+5%）=105（m^2）。

〖条文〗

九、关于施工机械。

1. 本定额中的机械按常用机械、合理机械配备和施工企业的机械化装备程度，并结合工程实际综合确定。

2. 本定额中的机械台班消耗量按正常机械施工工效并考虑机械幅度差综合确定。

3. 凡单位价值 2000 元以内、使用年限在一年以内的不构成固定资产的施工机械，不列入机械台班消耗量，作为工具用具在建筑安装工程费用定额中考虑，其消耗的燃料动力等已列入材料。

〖要点说明〗

（1）定额中的机械按常用机械、合理机械配备和施工企业的机械化装备程度，并结合工程实际综合确定。实际发生大规格苗木、名贵树木吊装，根据实际发生办理现场机械台班签证计算计入。

（2）本定额中的机械台班消耗量按正常机械施工工效并考虑机械幅度差综合确定。

〖**条文**〗

十、关于水平和垂直运输

1. 材料、植物、半成品、成品：包括自现场仓库或现场指定堆放地点运至操作（或安装）地点的水平和垂直运输。

2. 本定额水平运距按100m考虑，由于施工场地条件限制，材料、植物、成品、半成品不能一次运输到达堆放地点或从堆放地点到达操作（或安装）地点超过水平运距100m。超过部分费用按各章节相关规定执行。

3. 采用人力垂直运输，坡度大于15%垂直运输高差超过1.5m应计算人工垂直运输费用。超过部分工程量的垂直运输按垂直高度每米折合水平运距7m计算，高度按全高计算。

〖**要点说明**〗

定额编制包含施工现场100m以内材料二次搬运费，二次搬运费可按照当地费用定额中给出的二次搬运费费率进行计算。如果施工现场情况特殊，实际发生了500m的二次搬运，则超过定额规定的运距=500−100=400（m），需要办理现场签证确认增加的二次超运距搬运费，签证单内容需要说明增加400m超运距搬运的原因及费用。

〖**条文**〗

十一、本定额中的工作内容已说明了主要的施工工序，次要工序虽未说明，但均已包括在内。

十二、施工与生产同时进行、在有害身体健康的环境中施工时的降效增加费，本定额未考虑，发生时另行计算。

十三、《园林绿化工程工程量计算规范》GB 50858—2013中的安全文明施工及其他措施项目，本定额未编入。

十四、本定额中使用到两个或两个以上系数时，按连乘法计算。

〖**要点说明**〗

略。

〖**条文**〗

十五、本定额中注有“××以内”或“××以下”及“小于”者，均包括“××”本身，“××以外”或“××以上”及“大于”者，则不包括“××”本身。定额说明中未注明（或省略）尺寸单位的宽度、厚度、断面等，均以“mm”为单位。

〖**要点说明**〗

例如，定额子目乔木种植子目胸径≤20cm，表示包含乔木20cm胸径本身在内；假植乔木胸径4cm以内，表示包含4cm以内；栽植带土球灌木>400cm冠径，表示不包含带土球灌木400cm在内。

〖**条文**〗

十六、凡本说明未尽事宜，详见各章说明和附录。

〖**要点说明**〗

略。

4.2 土石方工程工程量计算规则解读及计量

4.2.1 土石方工程工程量计算规则解读

本节土石方工程包括人工土石方、机械土石方、平整、回填、拆挖路面、垫层及围堰等内容。

〖条文〗

一、土方开挖，土类为单一土质，普通土开挖深度大于 1.2m，坚土开挖深度大于 1.7m；土质为混合土质，开挖深度大于 1.50m 时，允许放坡，放坡坡度按设计规定计算，设计无规定者，可按下表计算。

土方放坡系数表

土类	放坡系数		
	人工挖土	机械挖土	
		坑内作业	坑外作业
普通土	1 ∶ 0.50	1 ∶ 0.33	1 ∶ 0.65
坚土	1 ∶ 0.30	1 ∶ 0.2	1 ∶ 0.5

〖要点说明〗

（1）单一土质是指一、二类土，属于定额中普通土，普通土开挖深度在 1.2m 以上（不含 1.2m）需要考虑放坡系数。

（2）混合土质开挖深度大于 1.5m 以上考虑放坡［指土质为一、二类土与三类土混合土质时，从 1.5m 以上（不含 1.5m）开始考虑放坡系数］，坚土开挖深度大于 1.7m 以上（不含 1.7m）考虑放坡。具体是在坑内挖土还是坑上作业，需要根据项目现场具体情况和施工方案：如果是挖沟槽，一般多选用坑上作业；如果是车库基坑大开挖，一般是坑内作业居多。

〖条文〗

二、挖沟槽底宽 3m 以上，地坑底面积 20m^2 以上及平整场地厚度在 30cm 以上，均按挖土方计算。

〖要点说明〗

（1）底宽（设计图示垫层或基础的底宽，下同）≤ 3m，且底长 >3 倍底宽为沟槽；一般情况下，条形基础和地下管线的土石方为沟槽。

（2）坑底面积≤ 20m^2 且底长≤ 3 倍底宽为地坑。

（3）凡沟槽底宽度在 3m 以上，基坑底面积在 20m^2 以上，及平整场地厚度在 30cm 以上，均按挖土方计算。

〖条文〗

三、土石方开挖、运输，按天然密实体积以“m^3”计算，填方按夯实后的体积计算；淤泥、流沙按实际体积计算；运土石方，如按虚方体积计算，其中人工乘以系数 0.80。

〖要点说明〗

如某场地长 50m，宽 4m，回填土厚度 50cm，则回填土方工程量：50 × 4 × 0.5=100（m^3）。

〖条文〗

四、沟槽长度、外墙按沟槽中心线长度计算，内墙按槽底净长计算。

〖要点说明〗

建筑工程、安装工程沟槽土方开挖计算公式：外墙按沟槽的中心线计算长度，内墙按槽底净长计算长度。

〖条文〗

五、地坑土石方体积，按设计图示尺寸以“m^3”计算，施工所需增加的工作面，按有关规定执行。

〖要点说明〗

挖地坑土方、石方按图纸设计图示尺寸以长 × 宽 × 高（以 m^3 计算），施工需要增加工作面按土建定额的具体规定执行。其中，砖基础每面增加 200mm，毛石、条石基础每面增加 250mm，混凝土基础垫层（支模板）每面增加 400mm，垂直面做防水层每面增加 1000mm，基础垂直面做砂浆防潮层每面增加 400mm。

〖条文〗

六、取弃土或松动土回填时，只计算运输的工程量；取堆积两个月以上的弃土，除计算运输工程量外，还应按普通土计算挖土工程量；取自然土回填时，除计算运土工程外，还应按岩石分类分别计算挖土工程量。

〖要点说明〗

取自然土回填时，除计算运土工程量外，还应按土分类（一、二类土，三、四类土分别计算）挖土工程量。

〖条文〗

七、拆除各种垫层、基础墙以“m^3”计算：拆除路面以“m^2”计算。

〖要点说明〗

拆除垫层、基础工程量（m^3）= 长 × 宽 × 厚度；拆除路面工程量（m^2）= 拆除长 × 宽，套当地修缮定额拆除子目或按市场价计入。

〖条文〗

八、围堰工程量、土围堰按所围周长以延长米计算，草袋围堰按围堰体积以“m^3”计算。

〖要点说明〗

略。

4.2.2 土石方工程计量案例

案例一：平整场地工程量计算

某工程平整场地示意图如图 4.2.1 所示，计算平整场地工程量。

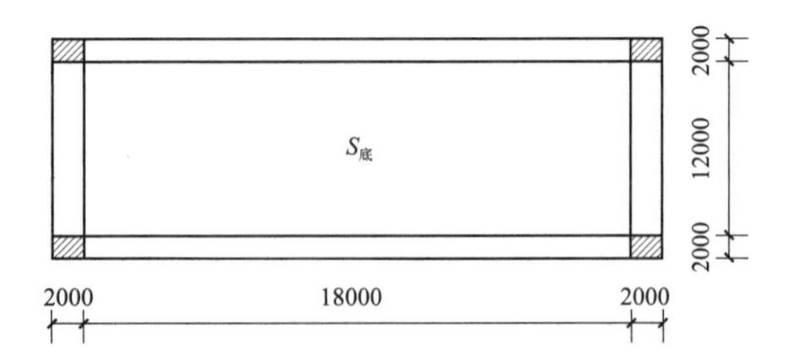

图 4.2.1 平整场地平面图

解：平整场地面积 =（18+2+2）×（12+2+2）=352（m²）。

案例二：条形基础工程量计算案例

某工程基础平面图如图 4.2.2 所示，计算基础地槽长度工程量。

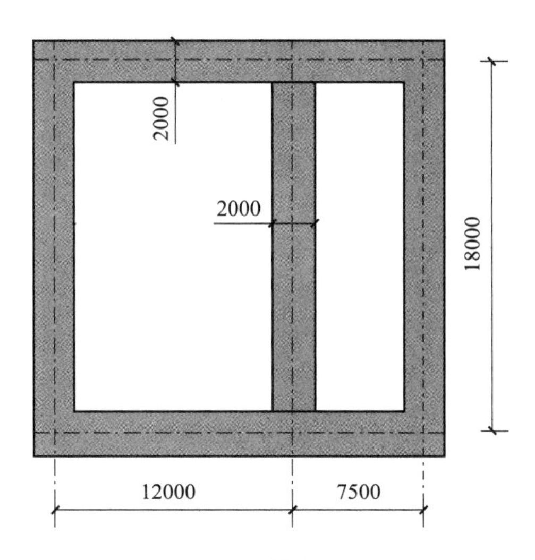

图 4.2.2 基础平面图

解：参照本章计算规则，外墙按沟槽中心线长度，内墙按槽底净长计算。

外墙地槽长度工程量 =（12+7.5+18）×2=75（m）。

内墙地槽长度工程量 =18−1−1=16（m）。

4.3 土石方工程定额说明解读及计价

〖条文〗

一、本章包括人工土石方、机械土石方、平整、回填、折挖路面、垫层及围堰等内容。

〖要点说明〗

略。

〖条文〗

二、本章岩石按普通土、坚土、松石、坚石分类，见岩石分类表（表 4.3.1）。

岩土（石）分类表 表 4.3.1

岩土分类表

定额分类	普式分类	土的特征	工具鉴别方法
普通土	一类土	略有黏性的沙土，腐植而疏松的种植土，砂和泥炭	用锹和板锄挖掘
	二类土	潮湿黏性土和黄土，软的盐土和碱土，含有碎石、卵石或建筑材料碎屑的堆积土和种植土	用锹、条锄挖掘，用脚蹬，少许用镐
坚土	三类土	中等密实的黏性土或黄土，含碎石、卵石或建筑材料碎屑的潮湿黏性土和黄土	要用镐、条锄挖掘，少许用锹
	四类土	坚硬密实的黏性土或黄土，含碎石、卵石或建筑材料碎屑的潮湿黏性土和黄土，硬化的重盐土	部分用镐、条锄挖掘，少许用撬棍挖掘

续表

定额分类	普式分类	土的特征	工具鉴别方法
松石	软石	胶结不实的砾石，各种不坚实的岩石，中度坚实的泥灰岩，软质有空隙的节理较多的石灰岩	
坚石	普坚石	风化的花岗岩，坚硬的石灰岩、水成岩，砂质胶结的砾岩，坚硬的砂质岩、花岗岩与石英胶结的砂岩	
	坚石	高强度的石灰岩，中粒和粗粒的花岗岩，最坚硬的石英岩	

〖要点说明〗

定额子目按土质划分为四类土：一类土、二类土称为普通土，用锹和板锄就可以挖动，一、二类土定额子目基价是一样的；三、四类土土质坚硬，称为坚土，三类土需要用镐、条锄挖掘才能挖动，四类土必须用镐和撬棍挖掘。

〖条文〗

三、人工土方定额是按干土（天然含水率）编制的，干湿土的划分是以地质勘察资料的地下常水位为界，以上为干土，以下为湿土。地下常水位以下的挖土，套用挖土方相应定额，人工乘以系数 1.10。

〖要点说明〗

（1）定额中一般挖土方是按干土（土壤含水率≥ 25% 为湿土）编制的。

（2）由于各省、地区、项目不同，地下水位不一样，所以对干湿土划分标准也不一样。以宁夏地区为例，地下水位平均深1.1m，可作为划分干湿土分界线，以下为湿土，以上为干土。

（3）如果实际发生在地下水位以下挖土方，建议现场办理签证（有图、有真相）进行确认。套用挖土方定额人工乘以系数 1.10。

〖条文〗

四、机械土方定额项目是按土的天然含水率编制的，开挖地下常水位以下的土石方时，定额的人工、机械乘以系数 1.15（施工前采取降水措施后的挖土不再乘以该系数）。

〖要点说明〗

现场施工地下挖土方都是先降水、后挖土，地下水降到施工设计底标高以下，方可进行基础垫层施工。

〖条文〗

五、人力车、汽车的重车上坡降效因素，已综合在相应的运输定额中，不另行计算。挖掘机在垫板上作业时，相应定额的人工、机械乘以系数 1.25。挖掘机下的垫板、汽车运输道路上需要铺设的材料，发生时，其人工和材料均按实际另行计算。

〖要点说明〗

如果实际发生挖掘机在垫板上运输，人工、机械费乘以系数 1.25，挖掘机下的垫板、汽车运输道路上铺设的材料按实际发生办理签证计入。

〖条文〗

六、人力车运土石方，只运土不装土，按基本运距定额乘以系数 0.80 计算。

〖要点说明〗

略。

第 5 章　绿化工程计量与计价

5.1　绿化工程工程量计算规则解读及计量

5.1.1　绿化工程工程量计算规则解读

〖条文〗

一、砍伐乔木、挖树根、砍挖灌木按设计图示数量以株计算；砍挖竹类按设计图示数量以株（丛）计算；砍挖片植灌木和绿篱，铲挖水生植物，清除草皮、地被和露地花卉按设计图示尺寸以面积计算。

〖要点说明〗

砍伐乔木（图 5.1.1）、挖树根（图 5.1.2）按干径大小（地面向上 0.3m 处树干直径）以株计算；砍挖灌木按冠径大小以株计算；砍伐竹类区分散生和丛生，按设计图示数量分别以株和丛计算；砍挖成片灌木、绿篱、水生植物，清除草皮、地被和露地花卉按面积计算。

图 5.1.1　砍伐乔木

图 5.1.2　挖树根

砍伐植物定额子目工作内容包含锯干、截枝、集中堆放、装车外运、清理现场。

由于各省定额水平的差异，同一定额的施工内容和施工工序可能有所差别，可以通过各省定额的工作内容判断定额单价是否包含相关内容和费用。例如，如果砍伐植物定额子目的工作内容已考虑装车外运费用，在组价时运费包含在砍伐植物定额单价中，就不能再单独计算砍伐植物的运输费用。如果砍伐植物定额子目的工作内容未考虑装车外运费用，在组价时需要另行计算砍伐植物的装车外运费用。

〖条文〗

二、回填种植土按设计图示尺寸以体积计算。

〖要点说明〗

回填种植土工程量（m^3）= 长 × 宽 × 深度。种植土深度在图纸设计中有具体说明（一般整体换填 500mm）。需要注意的是，回填土定额基价包含种植土单价，实际采购种植土时主材价可以按实际采购价或信息价调整计入。

例如，定额子目种植土回填土中给定种植土主材单价 21.49 元 /m^3，实际采购价 35 元 /m^3（含税价），实际计价时按照 35 元进行调整计入。在计价软件中，可以直接在人材机汇总中调整市场价（增值税模式下，修改“含税市场价”列对应价格，税率按照实际情况填写），如图 5.1.3 所示。

	编码	类别	名称	规格型号	单位	数量	不含税预算价	除税市场价	含税市场价	税率
1	02330080	材	草绳		kg	1	1.2	1.2	1.36	13
2	32290080	材	种植土		m3	2.15	21.49	30.97	35	13

图 5.1.3　市场价调整软件处理

〖条文〗

三、人工换土按不同植物设计图示数量以株计算。

〖要点说明〗

人工换填土计算时，需要区分乔灌木及花卉的挖坑深度、宽度按株进行计算。裸根苗木、带土球苗木人工换土均已包含种植土单价，不再单独计算。

例如，如果根据图纸设计要求施工项目整体换填 500mm 深绿化种植土，其中人工种植乔木（裸根或带土球种植）需要挖深 1.2m，这种情况下是否需要再计算乔木种植 700mm 深换填土？

答：不用，因为人工种植乔木（裸根或带土球种植）定额子目材料中已经综合考虑包含种植土费用。

〖条文〗

四、整理绿化种植用地按设计图示尺寸以面积计算。

〖要点说明〗

整理绿化用地按长 × 宽以图示面积计算。

整理绿化用地定额工作内容包含：≤ 30cm 土层，耙细，平整，找坡，清理石子杂物，集中堆放，清理现场，排地表水等内容。

〖条文〗

五、绿化地起坡造型按设计图示尺寸以体积计算。

〖要点说明〗

绿地起坡按设计图示长宽尺寸以体积计算。如果起坡造型不规则，体积如何计算？

答：在实际施工中多采用分段、分区域、分不同标高、分层进行土方体积统计计算。目前实际施工中多采用无人机进行测量计算，计算结果更加准确。

〖条文〗

六、乔木起挖和栽植分带土球和裸根按设计图示数量以株计算；养护分常绿和落叶按设计图示数量以株计算。

〖要点说明〗

起挖植物使用场景：定额说明只适用于植物的迁移，不适用于新建绿化工程和新栽项目。起挖包含起挖、修剪、土球包扎、枝干整理、出坑、搬运集中、回土填坑、场地清理工作内容。

乔木的起挖和栽植定额子目要区分带土球或裸根分别按设计要求以株计算；乔木的养护区分常绿和落叶乔木两种类型，区分不同规格型号，分别套对应养护定额子目计算。

〖条文〗

七、单株灌木起挖和栽植分带土球和裸根按设计图示数量以株计算，养护分常绿和落叶按设计图示数量以株计算；片植灌木起挖、栽植和养护按设计图示尺寸以面积计算；单排和双排绿篱起挖、栽植和养护按设计图示数量以延长米计算。

〖要点说明〗

定额成片种植子目中按照密度设置子目，如≤ 16 株 /m^2、≤ 25 株 /m^2……实际套用子目时按照所属种植密度进行套用。

例如，实际设计种植密度 18 株 /m^2 时，套用哪个定额子目？

答：套用灌木成片种植≤ 25 株 /m^2 对应子目。

〖条文〗

八、棕榈类起挖、栽植和养护按设计图示数量以株计算。

〖要点说明〗

棕榈类植物的起挖、栽植和养护按设计图示数量以株为单位计算，并按照规格型号大小不同套对应定额子目进行计算。

〖条文〗

九、散生竹起挖、栽植和养护按设计图示数量以株计算；丛生竹起挖、栽植和养护按设计图示数量以丛计算。

〖要点说明〗

散生竹（图 5.1.4）区分竹的胸径不同，按设计图示数量以株计算；丛生竹（图 5.1.5）区分竹盘根丛径不同，按设计图示数量以丛计算。

图 5.1.4　散生竹

图 5.1.5 丛生竹

〖条文〗

十、攀缘植物起挖、栽植和养护按设计图示数量以株计算。

〖要点说明〗

攀缘植物（图 5.1.6）栽植子目分 3 年、4 年、5 年、6~8 年生，计量单位为“株”。

图 5.1.6 攀缘植物

〖条文〗

十一、地被植物、露地花卉和草坪的起挖、栽植及养护按设计图示尺寸以面积计算；盆花布置按设计图示数量以盆计，盆花养护执行露地花卉定额项目按设计图示尺寸以面积计算；植草砖内植草按植草砖铺装设计图示尺寸以面积计算。

〖要点说明〗

实际组价时需不需要扣除植草砖实心部分面积？

答：不用。植草砖内植草（图 5.1.7）按植草砖铺装设计图示尺寸以面积计算，植草砖孔内植草定额已综合考虑植草含量（含量为 $0.28m^2/m^2$）。

图 5.1.7 植草砖内植草

〖条文〗

十二、水生植物栽植按设计图示数量以丛计算（荷花栽植按株计算，两节以上带芽为 1 株），养护按设计图示尺寸以面积计算。

〖要点说明〗

水生植物栽植分为湿生植物（常见的有美人蕉、萍蓬草、梭鱼草、水生鸢尾、狼尾草、蒲草）、挺水植物（常见的有荷花、菖蒲、水葱、香蒲、芦苇等）、沉水植物（常见的有黑藻、金鱼藻、苦草、菹草、狐尾藻等）、浮叶植物（常见的有玉莲、睡莲、金银莲花、萍缝草等）、漂浮植物（如浮萍）等种类。其中睡莲、水草、莲花等按设计图示数量以丛为单位计算，荷花栽植以株为单位计算。

〖条文〗

十三、垂直墙体绿化的龙骨基层、垂直绿化板、垂直绿化墙、沿口种植槽绿化和立体造型绿化按设计图示尺寸以面积计算；立体花卉基质填充按设计图示尺寸以体积计算，垂直墙体绿化养护按设计图示尺寸以面积计算。

〖要点说明〗

（1）垂直墙体立面花卉龙骨填充物按体积（长 × 宽 × 厚）计算。

（2）垂直墙体绿化种植、养护按设计图示尺寸以面积计算，如图 5.1.8 所示。

图 5.1.8 垂直墙体绿化

〖**条文**〗

十四、乔木、灌木、散生竹、棕榈类、攀缘植物和水生植物的运输按设计图示数量以株计算；丛生竹运输按设计图示数量以丛计算；盆花运输按设计图示数量以盆计算；散装花苗和球根、块根、宿根类花卉运输按设计图示数量以株计算；地被植物及草皮运输按设计图示尺寸以面积计算。

〖**要点说明**〗

定额条文特指用于绿化工程中植物迁移所采用对应子目，不适用于新建绿化工程或新栽植物项目。

〖**条文**〗

十五、洒水车浇水定额执行时，可按用水量或各类植物不同规格计算。按各类植物不同规格计算时，乔木和单株灌木按设计图示数量以株计算；单排、双排绿篱按设计图示尺寸以延长米计算；成片灌木按设计图示尺寸以面积计算；散生竹按设计图示数量以株计算，丛生竹按设计图示数量以丛计算；攀缘植物按设计图示数量以株计算；露地花卉、地被植物和草坪按设计图示尺寸以面积计算。

〖**要点说明**〗

洒水车浇水（图 5.1.9）定额使用范围：

（1）绿化种植施工现场建设单位不能提供水源。

（2）区分不同规格苗木或用水量执行洒水车浇水定额子目。

（3）洒水车浇水定额子目包含 10km 内取水（具体取水运距参考当地绿化定额说明）。

图 5.1.9　洒水车浇水

5.1.2　绿化工程计量案例

案例：住宅小区绿化区苗木工程量计算

某长方形绿化用地长 70m，宽 50m，绿地内种植了 7 种不同规格的苗木，如图 5.1.10 所示。计算苗木工程量、整理绿化用地及喷播植草工程量。

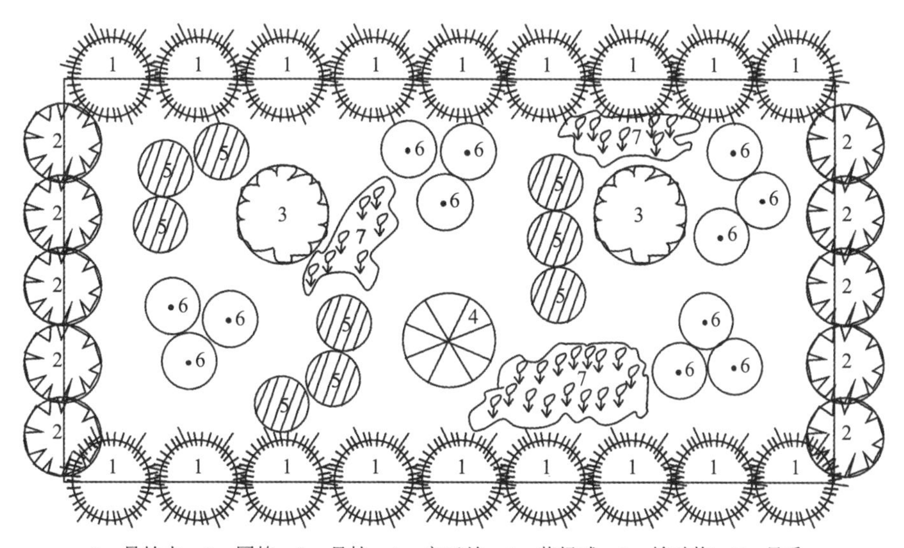

1—悬铃木；2—国槐；3—月桂；4—广玉兰；5—黄杨球；6—榆叶梅；7—月季

图 5.1.10　长方形绿化区平面图

解：

根据图示标注苗木顺序及计量规则，分别清点工程量：

（1）乔木起挖和栽植分带土球和裸根按设计图示数量以株计算。

悬铃木：18 株；国槐：10 株；月桂：2 株；广玉兰：1 株。

（2）单株灌木起挖和栽植分带土球和裸根按设计图示数量以株计算。

黄杨球：9 株；榆叶梅：12 株。

（3）露地花卉的起挖、栽植及养护按设计图示尺寸以面积计算。这部分工程量可通过CAD或算量软件计算工程量。

月季：$30m^2$。

（4）整理绿化种植用地按设计图示尺寸以面积计算。

整理绿化用地：$70 \times 50=3500$（m^2）。

（5）草坪的起挖、栽植及养护按设计图示尺寸以面积计算。本案例中需要扣除栽植月季的部分。

喷播植草：$3500-30=3470$（m^2）。

5.2 绿化工程定额说明解读及计价

〖**条文**〗

一、本章包括绿地整理、起挖植物、汽车运输苗木、栽植植物、栽植工程植物养护、洒水车浇水六节。

〖**要点说明**〗

略。

〖**条文**〗

二、本章人工、机械消耗量均包括工作区域内的场地清理，未考虑施工前垃圾、障碍物清除及施工前的平整场地，施工前的平整场地按本定额园路、园桥工程中园路土基路床整理定额项目执行。

〖**要点说明**〗

本章人工、机械消耗量已经包含各种施工区域内的场地清理，但未考虑施工前现场堆积垃圾、障碍物的清除及平整场地内容。如果进入施工现场前现场已经堆积建筑垃圾或者障碍物需要清运，需要办理现场签证并按照建筑定额中“渣土外运”套项计算。施工前的平整场地执行本定额园路、园桥工程中园路土基路床整理定额计算。

〖**条文**〗

三、砍伐乔木适用于《城市绿化条例》规定的施工场地内死亡或濒临死亡植物的砍伐及装车外运。

〖**要点说明**〗

砍伐乔木仅适用于按照《城市绿化条例》中施工场地内已经死亡或濒临死亡植物的砍伐及装车外运。如果不属于此范围砍伐内容，可以按实际发生办理签证或市场询价计算。

需要注意的是，本章砍伐乔灌木及其他苗木子目的工作内容已包含砍伐、集中堆放、装车外运、清理现场内容，砍伐乔灌木外运费用不再单独计算。

〖**条文**〗

四、回填种植土分为人工和机械回填，执行回填种植土定额项目的，不再计整理绿化种植地定额项目。

〖**要点说明**〗

定额子目分为人工回填种植土和机械种植土两个子目。对于套用人工回填或机械回填后是否可以再套整理绿化用地（或绿地场地平整），各地规定不同，实际计价时以当地定额说明为准。

〖条文〗

五、人工换土是指单株（坑）植物种植点土质不能满足植物生长时，采取种植土换填；绿篱、地被、露地花卉及草本类植物换土按成片换土执行回填种植土定额项目。换填种植土消耗量与定额不同时，可按设计或施工组织设计要求调整，人工、机械按种植土调整比例相应调整。

〖要点说明〗

定额中人工换填土子目是指单株或坑的土质不能满足植物种植所采取的换填。绿篱、地被、花卉植物换土执行本定额回填种植土子目。实际换填与定额含量不同时，按实际发生办理现场签证处理，并按照实际含量调整计入。

〖条文〗

六、整理绿化种植地是指施工场地内原有种植土≤ 30cm 的挖填翻松、耙细平整。

〖要点说明〗

整理绿化种植土是指对原有场地种植土 ± 30cm 以内耙细、平整、找坡、清理石子杂物集中堆放，清理现场、排地表水工作内容。

〖条文〗

七、绿地起坡造型是指绿化种植地坡顶与坡底高差 0.3 ～ 1.0m 或坡度≤ 30°的土坡造型堆置。如果不需外购土，应扣减土方主材。

〖要点说明〗

本章定额中的绿地起坡造型是指坡顶与坡地高差在 0.3~1.0m 或坡度 <30° 的土坡造型堆置。定额起坡造型单价中已包含土方主材价格，实际施工中如果不需要额外外购土，需要在定额中扣除土方的主材费用，如图 5.2.1 所示。

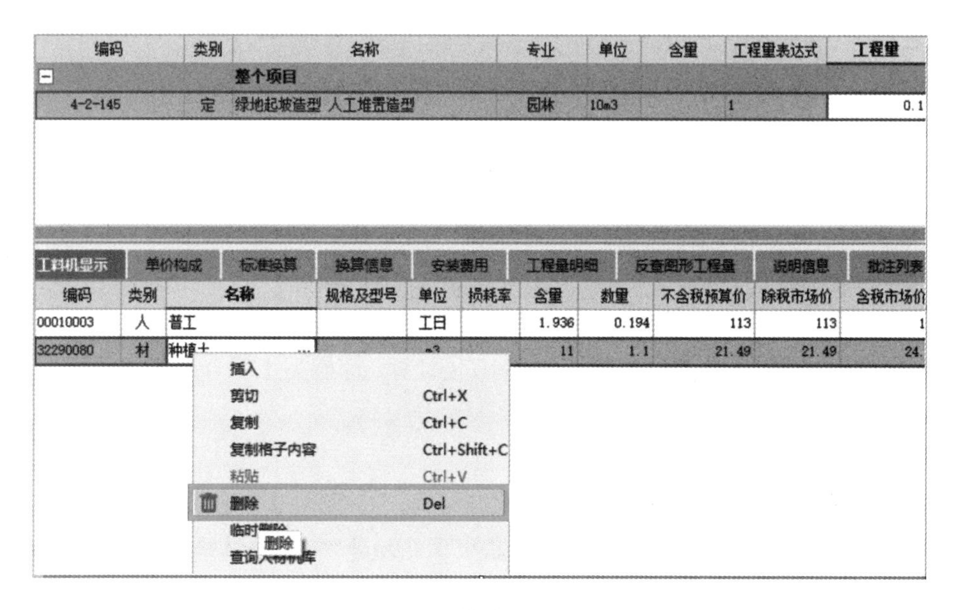

图 5.2.1　绿地起坡造型软件处理

〖条文〗

八、起挖、栽植植物均以一、二类土考虑。遇三类土定额人工乘以系数 1.34，四类土定额人工乘以系数 1.76，冻土定额人工乘以系数 2.2；遇打凿石方或其他障碍物，按《市政工程计价定额》，遇机械挖树坑，除执行机械挖树坑定额项目外，相应的栽植定额人工调减 30%。

〖要点说明〗

（1）本章定额中，起挖、栽植植物是按照一、二类土标准进行编制的，如果实际项目中遇三类土、四类土或冻土，需要按照定额中的要求进行人工系数调整，如图 5.2.2 所示。

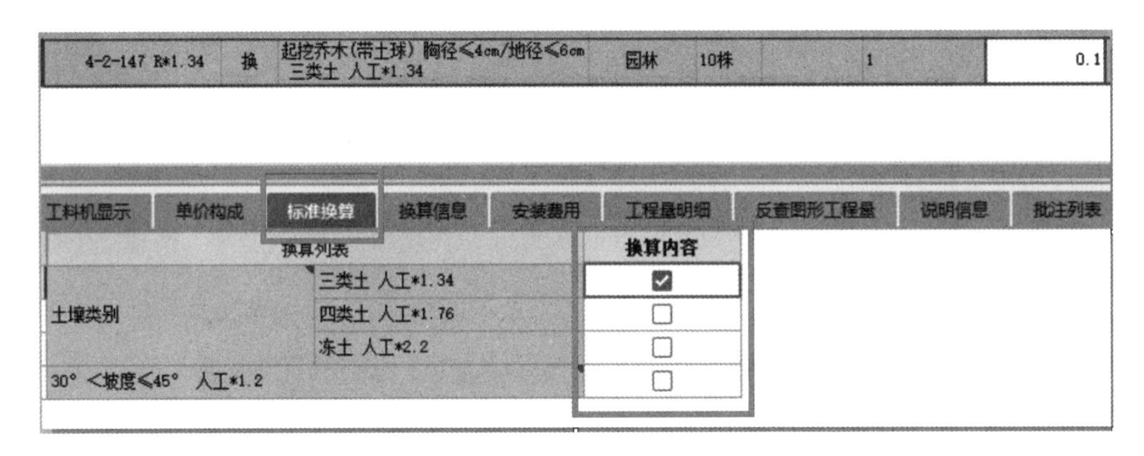

图 5.2.2　人工系数调整

（2）实际项目施工中若遇打凿石方或其他障碍物，可参考《市政工程计价定额》中相应定额计算。

（3）实际项目施工中如遇机械挖树坑，按相应的栽植定额人工调减 30% 计算。

〖条文〗

九、起挖、栽植乔灌木，土球、胸径、冠径规格按设计要求确定。设计无规定时，乔木土球直径按胸径的 6 ～ 10 倍计算，棕榈类土球直径按地径的 2 倍计算；灌木类土球直径按冠径的 40%计算。

〖要点说明〗

在园林绿化设计图纸中，一般会给出乔木、灌木等植物的具体规格、胸径、土球直径大小，按设计要求或清单特征描述选择对应的定额子目套价计算；设计未规定时，可以参考以下规则确定：乔木土球按乔木胸径的 6~10 倍计算，棕榈类土球直径按地径的 2 倍计算；灌木类土球直径按冠径的 40% 计算。

〖条文〗

十、起挖、栽植乔木定额项目，优先考虑胸径，在无法测量胸径时按干径计算；分枝点小于 1.2m 的乔木按干径规格执行，分枝点小于 0.3m 的乔木按冠幅规格执行灌木相应定额项目。

〖要点说明〗

乔木种植套取定额优先选择考虑苗木的胸径，若乔木规格小无法测量胸径时则按干径计算，乔木的分枝点小于1.2m按干径规格标准执行对应子目：乔木分枝点若小于0.3m按冠幅规格执行灌木定额相应子目。

〖条文〗

十一、起挖植物、汽车运输苗木定额项目适用于绿化工程中植物迁移，不适用于新建绿化工程或新栽植物项目。新建绿化工程或新栽植物的起挖、运输包含在苗木单价中，不另计算。

〖要点说明〗

这是初学者在实际工作中特别容易混淆的问题：

错误做法：（1）套起挖苗木；（2）套汽车运输苗木；（3）栽植苗木。

正确做法：按图纸设计要求规格型号直接套苗木种植［其中（1）起挖，（2）运输苗木全部包含在苗木主材价中］。

〖条文〗

十二、植物水平运输运距超过100m时，每超过10m按对应规格栽植定额项目人工增加1.5%计算，不足10m按10m计。其他材料水平运输运距超过100m时，按第八章相应定额项目执行。

〖要点说明〗

（1）说明编制定额考虑植物在施工现场最远运距为100m，是在费用定额中以二次搬运费费率体现的。

（2）实际施工现场超过定额规定最远运距应如何计价？

答：若实际苗木在施工现场运输超过100m时，每超过10m按对应栽植定额人工增加1.5%进行计算。不足10m按10m计。其他材料水平运输超过100m时，按措施费章节中人力二次搬运或人力车二次搬运相关子目计算。

〖条文〗

十三、汽车运输苗木定额项目中，乔、灌木运输均为带土球苗木，裸根乔木运输按带土球乔木运输的25%计，裸根灌木运输按带土球灌木运输的20%计。

〖要点说明〗

汽车运输苗木均为带土球运输，实际发生裸根苗木运输时，裸根乔木直接按带土球乔木运输的25%计算，裸根灌木运输按带土球灌木运输的20%计算。

〖条文〗

十四、绿化工程植物成活率按《园林绿化工程施工及验收规范》CJJ 82—2012执行，植物栽植定额中苗木消耗量已考虑损耗，损耗率见表5.2.1。片植灌木、绿篱、露地花卉、地被植物、水生植物若设计种植量与定额消耗量不同时，按设计种植量×（1+损耗率）调整相应定额项目中的苗木消耗量，其他不变。栽植植物定额中水的消耗量按一、二类土质考虑。

表 5.2.1 绿化植物栽植损耗率表

序号	项目名称	植物损耗率
1	乔木带土球	1%
2	乔木裸根	1.50%
3	灌木带土球	1%
4	灌木裸根	1.50%
5	片植灌木	2%
6	单、双排绿篱	2%
7	攀缘植物	2%
8	竹类	4%
9	棕榈	5%
10	水生植物	5%
11	盆花	2%
12	一、二年生草本花卉、宿根花卉	8%
13	球根、块根及木本花卉	4%
14	地被植物	2%
15	草皮	5%

〖要点说明〗

例如，种植 100 株裸根乔木，损耗率 1.5%，实际种植量为：100 ×（1+1.5%）=101.5（株）。

注意：如果使用广联达云计价平台进行组价，这部分损耗已经包含在主材的含量中，无须单独调整。

〖条文〗

十五、连片灌木面积≤ 3m² 或种植密度≤ 5 株 /m²，执行单株灌木栽植定额项目；单排灌木种植密度≤ 3 株 /m 或双排灌木种植密度≤ 5 株 /m，执行单株灌木定额项目；连片灌木种植排数≥ 3 排、面积＞ 3m² 且种植密度＞ 5 株 /m² 执行成片栽植定额项目。

〖要点说明〗

在实际工作中很多初学者对双排绿篱与成片种植绿篱容易混淆，应如何区分？

（1）连片种植：排数≥ 3 排、种植面积≥ 3m²、种植密度 >5 株 /m²。

（2）单排种植（图 5.2.3）密度≤ 3 株 /m，双排种植（图 5.2.4）种植密度≤ 5 株 /m。

（3）如设计对绿篱栽植密度无具体说明时，也可以参考下列方式：

换算修剪高度≤ 400mm 的，每平方米以 8 株计算；修剪高度≤ 600mm 的，每平方米以 5 株计算。

图5.2.3 单排绿篱

图5.2.4 双排绿篱

〖**条文**〗

十六、地被植物定额项目适用于覆盖地面密集、低矮、无主枝干的植物。本定额已列项的地被植物定额项目，如片植灌木，一、二年生草本花卉，球根、块根及宿根花卉等按相应定额项目执行。本定额未列项的其他类地被植物均按地被植物定额项目执行。

〖**要点说明**〗

地被植物适用范围的划分标准：

定额只列片植灌木；一、二年生草本花卉；球根、块根及宿根花卉地被项目子目，未列项的其他地被植物可参考地被植物进行计算。

〖**条文**〗

十七、定额中单株或多株栽于一穴成为丛，株为组成丛的单位，花灌木如一株达不到设计要求的冠径，而采用多株栽植时，花木按实栽株数计算，人工工日乘以系数1.2，其他不调整。

〖要点说明〗

实际种植发生多株花灌木种植时，花灌木按株数计算，人工工日乘以系数 1.2 计算。

〖条文〗

十八、假植按栽植、养护定额项目乘以系数 0.4 执行，不计苗木消耗量。假植认定以施工组织设计及现场签证为依据，假植时间按不超过 1 个月考虑。超过 1 个月的由甲乙双方在合同中另行约定。

〖要点说明〗

假植就是用湿润的土壤对根系进行暂时的埋植处理。苗木出圃后运到施工现场若不能及时栽植，需要进行假植，以防根系失水、失去生活力。

假植的定额计价依据和范围：

（1）假植可套取栽植、养护定额并乘以系数 0.4 计算，不考虑苗木主材的损耗。

（2）假植的认定标准：以经建设方审批的现场专项施工组织方案或现场签证进行确认。

（3）假植存放时间期限为 1 个月，超过 1 个月的由甲乙双方办理补充协议进行确认。

〖条文〗

十九、在 30° ＜坡度≤ 45° 的地块起挖、栽植、养护花草树木及盆花布置时，相应定额项目人工乘以系数 1.2；坡度 >45° 时各地根据具体措施自行考虑调整系数。垂直墙体绿化、高架桥绿化的栽植、养护按相应定额项目人工、机械乘以系数 1.4。

〖要点说明〗

在实际栽植、养护过程中，地块坡度会引起人工及机械工效降低，在实际计价时需要考虑人工及机械的含量调整。

本定额说明规定：30° ＜坡度≤ 45° 时，人工乘以系数 1.2；坡度 >45° 时，按实际采取的措施自行调整系数计算；如果是垂直墙体绿化、高架桥绿化的栽植、养护，相应定额项目人工及机械需乘以系数 1.4。

例如，在斜坡（坡度 >30°）草坪播种 250m^2，实际计价应如何调整？

答：如图 5.2.5 所示，套用定额 2-568（计量单位：100m^2）后，执行标准换算（人工乘以系数 1.2）即可。

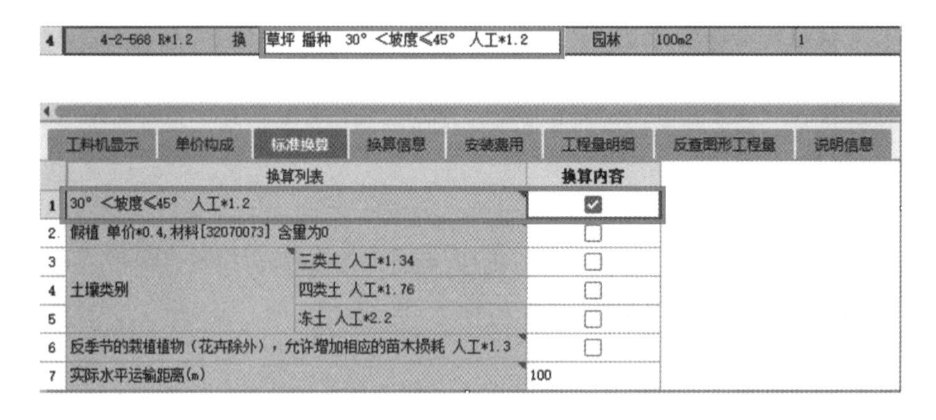

图 5.2.5　坡度种植系数调整计价软件处理

〖条文〗

二十、栽植工程植物养护定额项目按《园林绿化工程施工及验收规范》CJJ 82—2012 编制，结合植物生物学特性，不同种类植物设置养护月调整系数，以月计算，不足 1 个月按 1 个月计，栽植工程植物养护月除水的含量调整系数见表 5.2.2，降水量超过 600mm 的地区定额子目乘以系数 0.8。

表 5.2.2　栽植工程植物养护月调整系数表

植物类别	月调整系数
乔木、灌木、攀缘植物、竹类、棕榈类	第 1 月执行相应定额 ×1
	第 2 月、3 月按相应定额 ×0.7
	第 4 月、5 月、6 月按相应定额 ×0.4
	第 7 月起按相应定额 ×0.3
一、二年生草本花卉	按月执行相应定额 ×1
宿根花卉、块球根花卉、地被植物	第 1 月执行相应定额 ×1
	第 2 月、3 月按相应定额 ×0.7
	第 4 月起按相应定额 ×0.4
草坪	第 1 月执行相应定额 ×1
	第 2 月起按相应定额 ×0.7
水生植物	第 1 月执行相应定额 ×1
	第 2 月起按相应定额 ×0.3

〖要点说明〗

例如，12 株常绿乔木（苗木特征：树高 6m、胸径≤ 18cm），养护 1 年，计算养护费用。

答：常绿乔木≤ 18cm 套用子目 4-2-572（基价：53.43 元 /10 株，计量单位：10 株 / 月）

（1）第 1 月：12/10 × 53.43 × 1（月）=64.12（元）。

定额基价是按照 10 株 / 月确定的，案例工程量为 12 株，计算时应按照 12 株 /10 株 × 基价计算。

（2）第 2 月、3 月：12/10 × 53.43 × 0.7 × 2（月）=89.76（元）。

（3）第 4 月、5 月、6 月：12/10 × 53.43 × 0.4 × 3（月）=76.94（元）。

（4）第 7~12 月：12/10 × 53.43 × 0.3 × 6（月）=115.41（元）。

所以，12 株油松一年养护费用 =64.12+89.74+76.93+115.42=346.21（元）。

计价软件操作如图 5.2.6 所示（由于软件计算时考虑小数点位数与手算存在差异，与手算有轻微误差）。

造价分析　工程概况　取费设置　预算书　人材机汇总　费用汇总

	编码	类别	名称	专业	单位	含量	工程量表达式	工程量	工程量精度	单价	合价
	−		整个项目								346.21
1	4-2-572	定	常绿乔木养护 胸径≤20cm/干径≤24cm	园林	10株…		12	1.2		53.43	64.12
2	4-2-572 *0.7	换	常绿乔木养护 胸径≤20cm/干径≤24cm 单价*0.7	园林	10株/月		12*2	2.4		37.39	89.74
3	4-2-572 *0.4	换	常绿乔木养护 胸径≤20cm/干径≤24cm 单价*0.4	园林	10株/月		12*3	3.6		21.37	76.93
4	4-2-572 *0.3	换	常绿乔木养护 胸径≤20cm/干径≤24cm 单价*0.3	园林	10株/月		12*6	7.2		16.03	115.42

图 5.2.6　养护计算

〖条文〗

二十一、洒水车浇水适用于绿化施工现场无自有水源的情况，栽植工程植物养护期内按施工组织设计区分不同规格苗木或用水量执行洒水车浇水相应定额项目。栽植工程植物养护期不足1年时，按年折算成月使用。洒水车浇水定额项目包含10km内取水。分车道、行道树使用洒水车时乘以系数1.5。

〖要点说明〗

洒水车浇水定额基价中不含水费，只含洒水车的台班，浇水所发生的费用按定额种植对应子目水的含量计入计价。

〖条文〗

二十二、大规格树木移植和古树名木的保护性移植应符合国家及自治区行政主管部门的有关规定。超出定额项目规格上限的植物，由甲乙双方在合同中另行约定。

〖要点说明〗

实际发生超出园林绿化定额规定最大规格树木及古树移植及种植的，需要根据施工专项方案或者在报价时根据实际运距所采取的保护性措施具体内容进行计算报价。

〖条文〗

二十三、本章定额的套用是指在正常的栽植期间（宁夏地区3~5月中旬），反季节的栽植植物（花卉除外），人工费增加30%，允许增加相应的苗木损耗。

〖要点说明〗

定额计算计价标准是按绿化苗木种植常规的栽植期间制定的计价标准，如果实际发生反季节栽植，要考虑植物出现苗木死亡率增大及种植完所采取的保护措施，由此带来的人工费、主材费、种植费及所采取的保护措施费的大幅度提高。北方地区苗木种植期一般在3~5月下旬，如果实际项目需要在9月种植苗木，这在北方地区就属于反季节种植，需要根据苗木规格、型号 、是本地苗木还是外地苗木等因素，根据苗木特性考虑增加30%~100%苗木种植人工费，同时根据不同树种类型、规格型号增加苗木主材损耗率。

例如，某住宅项目8月下旬开盘，为了提升小区档次和突出销售卖点，小区主要景观道路种植高8m、胸径22cm带土球银杏树18株，计算相应费用。

答：套用定额子目2-399（基价：3248.3元/10株，其中人工费2592.33元/10株），银杏苗木主材费暂按1800元/株举例。

其中：人工费增加30%，人工费单价增加259.23×(1+30%）=337.00（元）。

银杏主材损耗率及种植后的保护措施按40%考虑计算：1800+1800×40%=2520（元）。

银杏反季节种植费用=18×（337.00+2520）=51426（元）。

第6章　园路、园桥工程计量与计价

6.1　园路、园桥工程工程量计算规则解读及计量

6.1.1　园路、园桥工程工程量计算规则解读

〖条文〗

一、土基路床整理按设计图示尺寸以面积计算。

〖要点说明〗

（1）路床（槽）整形细分为平整场地、原土夯实、路床整形碾压。

（2）施工内容包括平均厚度10cm以内的人工挖高填低、整平路床，使之形成设计要求的纵横坡度，并应经压路机碾压密实，整形土方不计入挖填工程量内。

〖条文〗

二、垫层、找平层。

1. 垫层按设计图示尺寸，另计两侧加宽值乘以厚度以体积计算，加宽值按设计规定计算。设计未明确加宽值的，按两侧各加宽50mm计算。

2. 找平层按设计图示尺寸以面积计算。

〖要点说明〗

（1）各种园路的垫层按设计图示尺寸两边各加宽0.05m（有设计要求的按设计要求），厚度10cm，以“m^3”计算。如长20m、宽2m、厚10cm的垫层工程量 $=20\times(2+0.05\times2)\times0.1=4.2$（$m^3$）。

（2）如何确定园路宽度？

确定园路宽度考虑的因素：设计是以人行为主的园路按并排行走还是单人行走考虑。一般情况下，单人散步宽度按0.6m考虑，两人并排散步的道路宽度按1.2m考虑，三人并排行走的宽度一般考虑设计为1.8m或2m。

〖条文〗

三、卵石面层按设计图示尺寸以面积计算。

〖要点说明〗

卵石园路（图6.1.1）的施工做法：（1）素土夯实；（2）碎石垫层；（3）素混凝土垫层、砂浆结合层、卵石面层。这种路面结构一般不适合车辆通过，只适合游人使用。

图 6.1.1　卵石园路

〖**条文**〗

四、石质块料面层及其他材料面层。

1. 面层按设计图示尺寸以面积计算。园路如有坡度，工程量以斜面积计算。园路面积应扣除面积大于 $0.5m^2$ 的树池、花池、照壁、底座所占面积。坡道园路带踏步者，其踏步部分应扣除并另按台阶相应定额项目计算。

2. 嵌草砖铺装按设计图示尺寸以面积计算，不扣除镂空部分的面积。

3. 陶瓷片拼花、拼字，按其外接矩形面积计算。

4. 料石汀步及预制混凝土汀步按设计图示尺寸以体积计算。

〖**要点说明**〗

（1）照壁（图 6.1.2）是设立在一组建筑院落大门里面或者外面的一组墙壁，它面对大门，起到屏障的作用。无论是在门内还是门外的照壁，都是和进出大门的人打照面的，所以照壁又称影壁或者照墙。照壁具有挡风、遮蔽视线的作用，墙面若有装饰则造成对景效果。照壁可位于大门内，也可位于大门外，前者称为内照壁，后者称为外照壁。

图 6.1.2　照壁

（2）嵌草砖铺装按设计图示尺寸以面积计算，不扣除镂空部分的面积，如图 6.1.3 所示。

图 6.1.3　嵌草砖铺装

（3）陶瓷片拼花、拼字（图 6.1.4），按其外接矩形面积计算。

图 6.1.4　陶瓷片铺贴

（4）料石汀步（图 6.1.5）及预制混凝土汀步按设计图示尺寸以体积计算（实际也有按块和面积计算的）。

图 6.1.5　料石汀步

〖条文〗

五、现浇混凝土模板除另有规定外，按混凝土与模板接触面积计算。

〖要点说明〗

与土建定额现浇混凝土模板工程量计算规则一致，按混凝土与模板接触面积计算。

〖条文〗

六、侧（平、缘）石铺设按设计图示尺寸以延长米计算。侧（平、缘）石铺设如有坡度时，工程量以斜长计算。

〖要点说明〗

（1）侧（平、缘）石铺设如有坡度，工程量以斜长计算。

（2）侧石与缘石的区别：

1）侧石：是指设置在道路路面两侧或分隔带高出路面，将车行道与人行道、绿化带、分隔带等分隔开，标出车行道范围以维护交通安全及纵向引导排除路面雨水的设施，从形式上看侧石最大的特点是高出路面，因此又叫立缘石、立道牙。

2）缘石：是指设置在道路车行道与路肩之间、高级路面与低级路面之间、不同结构类型路面接缝处或预留路口的沥青路面接头处，其顶面与路面齐平，可供机动车通过，标出路面范围、整齐路容并维护路面边缘不被损坏的设施。缘石最大的特点是与路面齐平，因此又叫平缘石、平道牙。

在路缘石（图 6.1.6）设置时，侧石与平石可配套使用，通常设置在沥青类路面边缘，合称为侧平石。

图 6.1.6　路缘石

〖条文〗

七、园桥。

1. 园桥基础、桥台、桥墩、护坡分别按设计图示尺寸以体积计算。

2. 现浇混凝土梁、桥洞底板、砖砌拱券、石拱券、石券脸等，按设计图示尺寸以体积计算。

3. 挂贴券脸石面按设计图示尺寸以面积计算。

4. 桥面石铺贴按设计图示尺寸以面积计算。

5. 石桥檐板安装按设计图示尺寸以面积计算。

6. 型钢铁锔安装、铸铁银锭安装按设计安装数量以个计算。

7. 石望柱安装分不同的石望柱高度以根计算；石栏板安装按设计图示尺寸以面积计算。

8. 地伏石安装按设计图示尺寸以延长米计算；抱鼓石安装按设计图示尺寸以面积计算。

9. 园桥现浇毛石混凝土、混凝土构件模板，均按模板与混凝土的接触面积计算。

10. 木梁制作安装按设计图示尺寸分不同的截面尺寸以体积计算。木龙骨按设计图示尺寸以面积计算，如施工图设计与定额项目所列木龙骨截面尺寸不同，防腐木消耗量可以调整，其他不变。

11. 木质面板制作安装按设计图示尺寸以面积计算；木桥挂檐板按设计图示尺寸以外围面积计算。

12. 木望柱制作安装按设计图示尺寸以体积计算；木栏板制作安装按设计图示尺寸以面积计算，不扣除镂空部分。

13. 木台阶制作安装按设计图示尺寸以水平投影面积计算。

〖**要点说明**〗

（1）园林绿化定额中的步桥：是指在建筑庭院内，主桥孔洞 5m 以内，供游人通行兼有观赏价值的桥梁，不适用在庭院外市政道路建造的桥梁。

（2）型钢铁锔安装、铸铁银锭安装按设计安装数量以个计算。实际中多采用按延长米计算，价格采用市场询价比价方式确定。

（3）园桥（图 6.1.7）现浇毛石混凝土、混凝土构件模板，均按模板与混凝土的接触面积计算。具体计算如下：

图 6.1.7　园桥

梁：[（梁高 - 板厚）×2+ 梁宽] × 长度，然后扣除柱子及其他交叉梁的重叠面积。

板：板面积扣除梁柱投影面积。

柱：周长乘以层高。

基础梁或构造柱实际情况使用基础或墙做模板的，不再重复计算。

〖条文〗

八、树池。

1. 围牙按设计图示尺寸以延长米计算。

2. 盖板（复合材料、铸铁）按设计图示以套计算，填充按设计图示尺寸以树池内框面积计算。

〖要点说明〗

围牙按设计图示尺寸以延长米计算，实际也可按个 / 套计算。盖板（复合材料、铸铁）按设计图示以套计算，填充按设计图示尺寸以树池（图 6.1.8）内框面积计算。

图 6.1.8 树池

〖条文〗

九、台阶。

1. 料石台阶、山石（自然石）台阶、混凝土台阶按设计图示尺寸以水平投影面积计算。

2. 标准砖台阶按设计图示尺寸以体积计算。

3. 台阶面层按设计图示尺寸以台阶（包括最上层踏步边沿加 300mm）水平投影面积计算。

4. 混凝土台阶模板不包括梯带，按设计图示尺寸以水平投影面积计算，台阶端头两侧不另行计算模板面积。

〖要点说明〗

山石台阶如图 6.1.9 所示。

图 6.1.9 山石台阶

〖条文〗

十、驳岸、护岸。

1. 原木桩驳岸按设计图示尺寸桩长（包括桩尖）乘以截面面积以体积计算。

2. 自然式驳岸、自然式护岸、池底散铺卵石按实际使用石料数量以质量计算。

3. 生态袋护岸按设计图示尺寸以体积计算。

4. 预制混凝土框格护岸，按设计图示尺寸以面积计算。

〖要点说明〗

原木桩驳岸（图 6.1.10）按设计图示尺寸桩长（包括桩尖）乘以截面面积以体积计算。

图 6.1.10 原木桩驳岸

自然式驳岸（图 6.1.11）、自然式护岸（图 6.1.12）、池底散铺卵石按实际使用石料数量以质量计算。

图 6.1.11　自然式驳岸

图 6.1.12　自然式护岸

6.1.2　园路、园桥工程计量案例

案例：园路工程量计算

某景观园路图纸设计园路长 20m，宽 2m。砂石料垫层 300mm，宽度 2.3m；混凝土垫层 100mm，每边加宽 10cm。请计算砂石垫层工程量、混凝土垫层工程量。

解：按照本章计算规则，图纸设计垫层给出每侧加宽值 10cm。

（1）砂石料垫层工程量 =20×2.3×0.3=13.8（m^3）。

（2）混凝土垫层工程量 =20×（2+0.1×2）×0.1=4.4（m^3）。

6.2　园路、园桥工程定额说明解读及计价

〖条文〗

一、本章包括园路、园桥、树池、台阶、驳岸、护岸五节。

〖要点说明〗

略。

〖条文〗

二、园路按结构类型分为承载（走机动车）与非承载（不走机动车），非承载园路执

行本章定额项目，承载园路执行《市政工程计价定额》相应定额项目。

〖要点说明〗

园林景观定额中的园路，是按非承载（不走机动车）制定的相应定额子目。若遇上车的园路，按设计图纸要求参考市政工程计价定额对应子目执行。

〖条文〗

三、卵石面层。

1. 卵石面层按卵石平面平铺考虑，采用露面铺及立面铺时，人工乘以系数1.2。

2. 卵石粒径以40 ~ 60mm考虑，设计规格不同时，材料规格和用量可换算，其他不变。

3. 卵石地面用卵石做人物、花鸟、几何等图案的，按拼花定额项目执行。

4. 卵石拼花指用满铺卵石拼花，分色拼花时，人工乘以系数1.2。

5. 满铺卵石地面中用砖、瓦片、瓷片等其他材料拼花时，执行相应定额项目，人工乘以系数1.2。

〖要点说明〗

（1）卵石面层（图6.2.1）按卵石（定额考虑）平面平铺考虑，如采用露面铺及立面铺时（露出地面的健身步道），人工乘以系数1.2计算（因为卵石需要人工一个一个地栽入，人工消耗量比较大）。

（2）卵石铺设注意事项：

1）卵石铺装时一定要确定好卵石的大小、颜色、形状是否相似。不建议将差异很大的卵石放在一起做铺装，显得很不匀称。

2）为方便施工，在铺装的地面倒入水泥砂浆，在园路铺装时常将卵石竖向放置，埋入大约三分之一深即可。

3）如果要摆放精美的图案，在放置卵石过程中要注意好图形排列。

4）卵石园路的一般做法为素土夯实、碎石垫层、素混凝土垫层、砂浆结合层、卵石面层。这种路面结构一般不适合车辆通过，只适合游人使用。

图6.2.1 卵石面层

〖条文〗

四、石质块料面层。

1. 石质块料面层当在坡道（8%＜坡度≤18%）铺贴时（图 6.2.2），垫层和面层按平道定额项目执行，人工乘以系数 1.18。

2. 石质块料零星项目面层适用于台阶的牵边、蹲台、池槽，以及面积在 $0.5m^2$ 以内且未列定额项目的工程。

3. 石质块料面层按厚度 100mm 以内材料考虑，厚度大于 100mm 时，按施工组织设计另行计算。

〖要点说明〗

石质块料面层坡道如图 6.2.2 所示。

图 6.2.2　石质块料面层坡道

〖条文〗

五、其他材料面层。

1. 嵌草路面中的回填土、草皮种植执行第二章“绿化工程”相应定额项目。

2.“人字纹”“席纹”铺砖地面执行“拐子锦”定额项目,“龟背锦”铺砖地面执行“八方锦”定额项目。拐子锦、八方锦如图 6.2.3 所示。

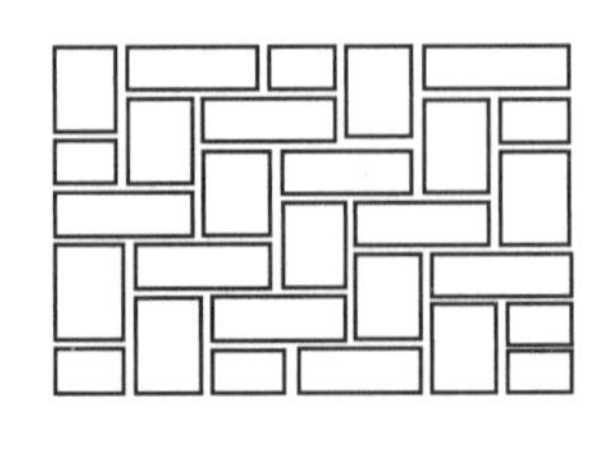

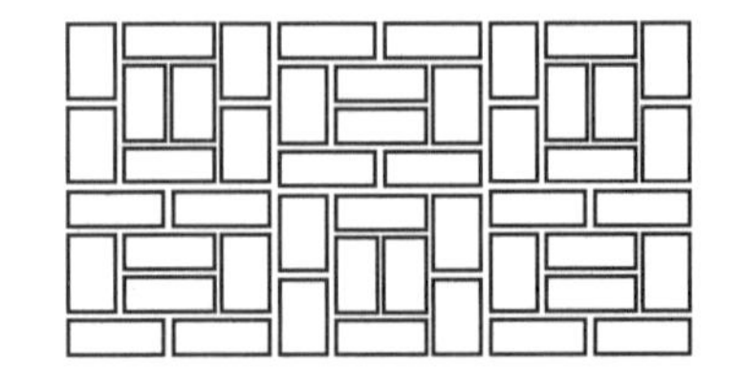

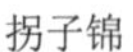

八方锦

图 6.2.3　拐子锦、八方锦

〖要点说明〗

略。

〖条文〗

六、混凝土面层。

1. 现浇透水混凝土路面定额项目按现场搅拌混凝土考虑。

2. 预制混凝土方形块料按长 × 宽 ≤ 600mm×600mm 计算；预制混凝土大块块料按长 × 宽 > 600mm×600mm 计算。

〖要点说明〗

彩色透水混凝土（图 6.2.4）又称多孔混凝土，也称排水混凝土，采用碎石、水泥、高分子聚合物胶结料、颜料和保护剂等材料，经现场搅拌施工而成。

图 6.2.4 彩色透水混凝土

〖条文〗

七、侧（平、缘）石安砌按直线、弧线综合考虑。

〖要点说明〗

定额中侧（平、缘）石安砌按直线、弧线综合考虑。如果设计图纸中采用弧线做法，直接套用对应定额子目，不能再乘以系数计算。

〖条文〗

八、树池填充厚度按 100mm 考虑，设计厚度不同时材料消耗量可以换算。

〖要点说明〗

具体参考当地园林绿化定额说明，没有对应子目也可参考市政定额对应子目计算。

〖条文〗

九、园桥指园林内供游人通行的步桥。本定额按混凝土桥、石桥、木桥编制。

〖要点说明〗

园林景观中的园桥是指建筑在园林庭院内，主桥孔洞 5m 以内，供游人通行兼有观赏价值的步桥。不适用在庭院外建造的桥。

〖条文〗

十、石桥檐板、石望柱、石栏板、地伏石、抱鼓石。

1. 本定额均为简式成品安装。如为现场加工制作，执行其他专业相应定额项目。

2. 本定额安装按平直考虑，实际施工中如遇斜面且坡度大于30%，人工乘以系数1.1。

〖要点说明〗

定额均为简式成品安装。如为现场加工制作，执行其他专业相应定额项目。目前市场上基本采用按成品价计算。

〖条文〗

十一、木望柱、木栏板制作安装按简易型平直考虑，如遇斜式时，人工乘以系数1.1。

〖要点说明〗

实践中对于木望柱、木栏板（图6.2.5）等木制作、安装，通常做法是结合项目实际情况进行二次深化设计，或根据材质、规格型号不同咨询专业公司询价比价确定。

图6.2.5 木栏板

〖条文〗

十二、木质构件刷油漆，钢构件制作安装、铁件制作安装、螺栓安装等执行《房屋建筑与装饰工程计价定额（上下册）》相应定额项目。

〖要点说明〗

园林绿化定额中没有对应木质构件刷油漆，钢构件制作安装、铁件制作安装、螺栓安装等子目，实际发生时参考《房屋建筑与装饰工程计价定额（上下册）》定额项目。

〖条文〗

十三、带山石挡土墙（自然石）台阶，山石（自然石）台阶执行本章相应定额项目。山石挡土墙执行《房屋建筑与装饰工程计价定额（上下册）》相应定额项目。

〖要点说明〗

园林绿化定额没有对应山石挡土墙（图6.2.6）定额子目，实际发生时参考执行《房屋建筑与装饰工程计价定额（上下册）》相应定额项目。

图6.2.6 山石挡土墙

〖**条文**〗

十四、驳岸、护岸。

1. 自然式护岸指满铺卵石或自然石的护岸，点布大块石护岸套用自然式驳岸定额项目。

2. 预制混凝土框格护岸定额项目按成品考虑。

3. 生态袋护岸定额项目按成品考虑，发生现场装袋，装袋费用另行计算；实际使用生态袋规格尺寸与定额项目不同时，可调整生态袋消耗量，其他不变。

〖**要点说明**〗

自然式护岸如图6.2.7所示，预制混凝土框格护岸如图6.2.8所示。

图6.2.7 自然式护岸

图 6.2.8　预制混凝土框格护岸

第 7 章　园林景观工程计量与计价

7.1　园林景观工程工程量计算规则解读及计量

7.1.1　园林景观工程工程量计算规则解读

本节包括堆砌土山丘，堆砌假山，景石，塑假山，园林小品装饰，栏杆，园林桌椅凳，水池、花池，原木、竹构件，其他杂项。

〖条文〗

1. 堆砌土山丘按设计图示土山的水平投影外接矩形面积乘以高度的 1/3，以体积计算。

〖要点说明〗

实际工作中一般通过分段、分层方式进行粗略计算，也可以按实际运场的土方精确计算。

〖条文〗

2. 堆砌假山。

（1）堆砌土山丘，就地取土，无外运土，应删除种植土。

（2）堆砌假山的工程量按实际使用石料数量按质量计算。

计算公式一：

$$W_{质}=R\times A_{矩}\times H_{大}\times K_{n}$$

式中：$A_{矩}$——假山不规则平面轮廓的水平投影最大外接矩形面积；

$H_{大}$——假山石着地点至最高点的垂直距离；

R——石料容重（t/m^3）（注：石料为湖石时，R 为 2.2；黄石时，R 为 2.6；其他石料按实调整）；

K_{n}——实体折减系数，其取定值如表 7.1.1 所示：

表 7.1.1　实体折减系数

序号	$H_{大}$	K_{n}
1	≤ 1m	0.77
2	1m<$H_{大}$≤ 3m	0.653
3	>3m	0.6

计算公式二：堆砌假山工程量（t）= 假山石料进场验收数量（t）− 进场假山石料剩余数量（t）。

（3）石峰按石料体积（取其长、宽、高的平均值）乘以石料容重（湖石：2.2t/m³；其他石料按实调整）以质量计算。

〖要点说明〗

（1）因本定额中含种植土，故堆砌土山丘，就地取土，无外运土，应删除种植土，将定额中的种植土归零。

（2）计算公式一中的石料容重可以进行换算，但实际工程中该公式使用较少，实际多采用二次深化设计或带方案报价比价确定。

（3）石砌假山吨位一般可采用现场实际验收的方式，按进场过磅数计算，缺点是必须等假山制作完成以后才能准确计算。

编制预算时可按长 × 宽 × 高 × 石头密度［2.2（湖石密度）、2.6（黄石密度）］× 系数近似计算。

〖条文〗

3. 景石工程量计算公式与石峰工程量计算公式一致。

〖要点说明〗

景石工程量与石峰工程量计算公式一致，湖石为 2.2t/m³。

〖条文〗

4. 塑假山。

（1）塑假山工程量以外围展开面积计算。

（2）塑假山钢骨架制作及安装按设计图示尺寸乘以单位理论质量计算。

〖要点说明〗

（1）实际工程中塑假山工程量计算时可以用钢筋网片的工程量 ×0.95 进行估算（经验值）。

（2）实际工程中多采用市场询价、比价方式确定专业队伍施工，根据造型难易程度、面积大小不同进行报价确定，目前市场价为 300~1000 元 /m²（经验值）。

（3）实际工程中塑假山钢骨架一般按平方米综合包干方式计入，不再单独计算其他费用。

〖条文〗

5. 园林小品装饰。

（1）塑树皮按展开面积计算。

（2）塑树根、竹、藤条按延长米计算。

（3）砖石砌小摆设按设计图示尺寸以体积计算。

（4）砖石砌小摆设抹灰面积按设计图示尺寸以面积计算。

〖要点说明〗

园林小品（图 7.1.1）计算规则如下：

（1）塑树皮工程量计算，实践中也可按一组、一个多少元计算。

（2）塑树根、竹、藤条按延长米计算，实践中也可按个、根、条计算。

（3）砖石砌小摆设按设计图示尺寸以体积计算，也可按个、根、座计算，因其一般具有较强的设计性、创造性，实践中很多采用带方案报价，可能报价中也会包含一些设计费用。

（4）砖石砌小摆设抹灰与建筑抹灰价格差异较大，故实际工程中经常按成品进行计算。

图 7.1.1　园林小品

〖条文〗

6. 栏杆、桌椅凳及杂项。

（1）混凝土栏杆、金属栏杆按设计图示尺寸以延长米计算。

（2）塑料栏杆按设计图示尺寸以面积计算。

（3）条椅凳按设计图示尺寸以延长米计算。

（4）整石坐凳按设计图示尺寸以体积计算。

（5）花瓦什锦窗按设计图示尺寸以窗框外围面积计算。

（6）钢网围墙安装按设计图示尺寸以面积计算。

（7）石球、石灯笼、仿石音箱、石花盆及垃圾桶按数量计算。

〖要点说明〗

（1）混凝土栏杆、金属栏杆按设计图示尺寸以延长米计算，即元 /m。

（2）塑料栏杆也有按延长米计算的，根据高度不同，目前市场价为 50~130 元 /m（经验值）。

（3）条椅凳（图 7.1.2）在实际工程中也有按套或面积进行计算的。

图 7.1.2　条椅凳

（4）整石坐凳在实际工程中也有按套或延长米进行计算的。

（5）花瓦什锦窗也可按樘计算，实际工程中窗的材质、做法不同，会有较大差异。

（6）钢网围墙安装按设计图示尺寸以面积计算，根据材质不同，目前市场价为 120~180 元 /m^2（经验值）。

对于上述景观产品，市场价格相对透明，多去专业市场了解，多找几家专业队伍报价，多积累造价指标大数据，了解分析并掌握其材质、做法和施工工艺及市场劳务人工价格，对各类景观产品的价格就会逐渐做到心中有数了。

7.1.2　园林景观屋面工程工程量计算规则解读

本节包括景观屋面、屋顶花园基底处理内容。

〖**条文**〗

1. 景观屋面。

（1）草屋面按设计图示尺寸以斜面计算。

（2）竹屋面按设计图示尺寸以实铺面积计算（不包括柱、梁）。

（3）树皮屋面按设计图示尺寸以屋面结构外围面积计算。

（4）混凝土不带椽屋面板、带椽屋面板、带椽戗翼板（爪角板）、老仔（角）梁工程量按设计图示尺寸以体积计算。

（5）现浇混凝土不带椽屋面板、带椽屋面板、带椽戗翼板（爪角板）、老仔（角）梁模板除另有规定外，按模板与混凝土的接触面积计算。

（6）现浇混凝土亭廊屋面钢筋工程按设计图示钢筋长度乘以单位理论质量计算；钢筋的搭接长度应按设计图示及规范要求计算；设计图示及规范要求未标明搭接长度的，不另计算搭接长度；钢筋的搭接（接头）数量按设计图示及规范要求计算。设计图示及规范要求未标明的，按以下规定计算：ϕ10 以内的长钢筋按每 12m 计算一个钢筋搭接（接头）；ϕ10 以上的长钢筋按每 9m 计算一个钢筋搭接（接头）。

（7）彩钢板、玻璃采光顶屋面按设计图示尺寸以面积计算；不扣除面积≤ $0.3m^2$ 孔洞所占面积。

〖**要点说明**〗

（1）草屋面（图 7.1.3）面层单价根据设计要求通过市场询价方式获得，根据材质的不同、设计要求搭接宽度的不同、面积大小，目前市场报价为 120~180 元 $/m^2$（经验值）。

图 7.1.3 草屋面

（2）竹屋面、树皮屋面因工程造型各异，实践中通常按整体（包括柱、梁）进行市场询价获取价格。

（3）不带椽屋面板、带椽屋面板、带椽戗翼板（爪角板）、老仔（角）梁混凝土工程量按体积计算，模板按其与混凝土的接触面积计算。

（4）本定额中亭廊屋面钢筋工程钢筋的搭接（接头）数量计算方式如表 7.1.2 所示。

表 7.1.2 亭廊屋面钢筋工程钢筋接头计算规则

设计图示及规范要求注明	按设计图示及规范要求计算	
设计图示及规范要求未注明	ϕ10 以内	每 12m 计算一个钢筋搭接（接头）
	ϕ10 以上	每 9m 计算一个钢筋搭接（接头）

注：各地规则略有不同，具体需参照当地定额规则执行。

实际工程中一般执行建筑定额相关子目，按建筑工程定额子目套价计算。

（5）彩钢板根据材质厚度的不同，目前市场价为 90~220 元 $/m^2$（经验值），玻璃采光顶（图 7.1.4）根据设计要求、玻璃厚度、钢结构断面尺寸大小不同，目前市场价为 350~650 元 $/m^2$（经验值）。

图 7.1.4　玻璃采光顶

〖条文〗

2. 屋顶花园基底处理。

（1）屋面清理、砂浆找平层、保护层、土工布过滤层、保湿毯按设计图示尺寸以面积计算。

（2）滤水层回填陶粒、卵石、轻质土壤，按实铺面积乘以平均厚度以体积计算。

（3）软式透水管以延长米计算。

〖要点说明〗

（1）屋顶花园（图 7.1.5、图 7.1.6）基底处理，定额子目不包含垂直运输，发生时按建筑工程及装饰装修定额子目计算。

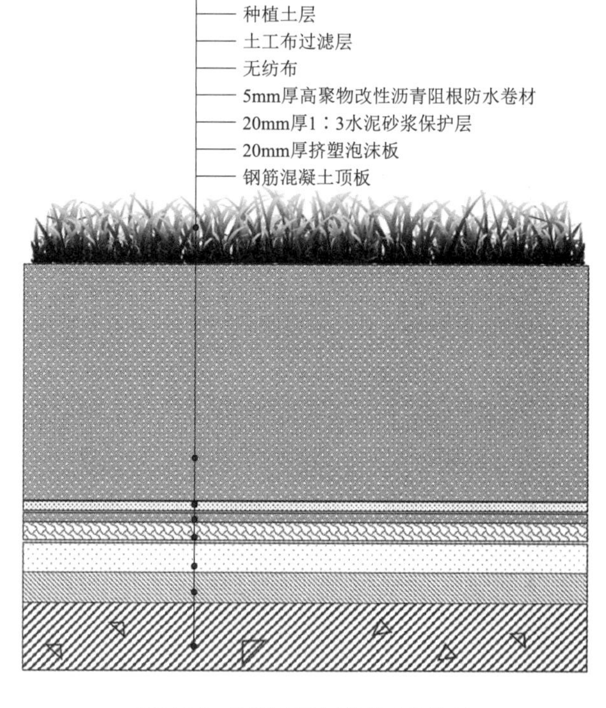

图 7.1.5　种植屋面基本构造（示例 1）

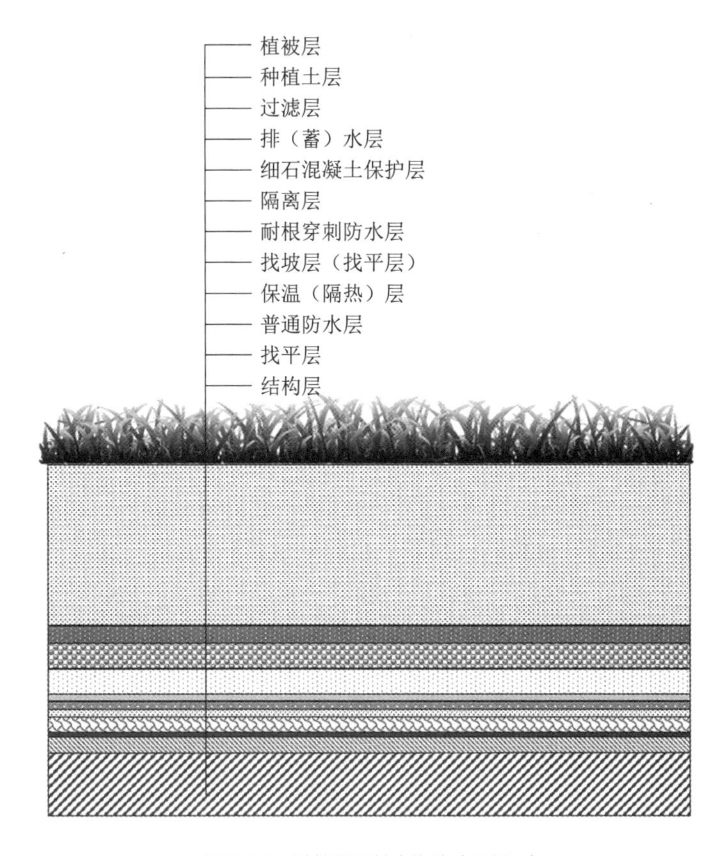

图 7.1.6　种植屋面基本构造（示例 2）

（2）屋面砂浆找平层、保护层、土工过滤层、保湿毯按设计图示尺寸以面积计算。

实际工作中根据设计要求或清单特征描述直接查阅当地定额计算规则即可，计算工程量是为了计算造价，而计价的最终目的是要准确报价。所以工程造价人员需要多去施工现场了解施工工艺和施工工序，多去建筑市场了解市场价格与定额价格的差距，掌握劳务市场人工价格、市场实际材料价格，多积累各类工程指标，最终提炼出具有一定参考价值的经验指标数据，从而进行有效的成本管控，逐渐成长为一名复合型专业人才，以适应目前不断变化的外部环境。

7.2　园林景观工程定额说明解读及计价

7.2.1　园林景观工程定额说明解读

本节包括堆砌土山丘，堆砌假山，景石，塑假山，园林小品装饰，栏杆，园林桌椅凳，水池、花池，原木、竹构件，其他杂项。

〖**条文**〗

1. 堆砌土山丘指坡顶与坡底高差大于 1.0m，且坡度大于 30% 的土坡堆砌。

〖**要点说明**〗

定额对土山丘的定义与解释。

〖**条文**〗

2. 堆砌假山。

（1）假山定额项目按露天、地坪上施工考虑。

（2）人造湖石峰、人造山石峰指将若干湖石或山石辅以条石或钢筋混凝土预制板，用水泥砂浆、细石混凝土和铁件堆砌，形成石峰造型的一种假山。在假山顶部突出的石块，不执行人造独立峰定额项目。

〖要点说明〗

（1）本定额假山制作是按地面上、在露天施工环境中进行施工考虑制定的。

（2）对人造湖石峰、人造山石峰的定额解释，实践中这类景观产品属于专业工程的范畴，一般需要二次深化设计或带方案（模型）进行报价、比价确定价格。

〖条文〗

3. 景石指天然独块的景石布置。

〖要点说明〗

本定额对景石的定义。

〖条文〗

4. 塑假山。

（1）塑假山未考虑模型制作费。塑砖骨架假山定额项目已包括砖骨架，如设计要求做部分钢筋混凝土骨架或其他材料骨架时，按比例进行换算，套用相应的定额项目。

（2）塑钢骨架假山的钢骨架制作及安装项目未包括表面喷漆，如设计要求表面喷漆，应另行计算。

〖要点说明〗

（1）本定额中塑假山未考虑模型制作费，实际工程中投标人会在实际塑假山之前先塑一个微缩的假山模型（通常为1 ∶ 100），通过公开招标、开标经评标委员会专家评审确定方案是否可行，模型制作费用未包含在定额对应子目中，在报价时需要综合考虑。

（2）实际工程中塑砖骨架假山比较大时，内部可能会做钢结构支撑，此种情况需按比例进行换算，套用建筑装饰装修相应的定额项目。实操中塑假山属于景观专业工程，一般通过二次深化设计带方案进行报价、比价确定价格。

（3）塑钢骨架假山的钢骨架制作及安装项目未包括表面喷漆，实际工程具体看设计要求，如果设计要求喷漆，则需要根据设计要求增加喷漆计算，如果刷防锈漆，一般按建筑装饰装修工程定额子目油漆涂料章节相关子目计算。

〖条文〗

5. 堆砌假山、塑假山定额项目不包括基础。

假山与基础的划分：地面以上按假山计算，地面以下按基础计算，基础执行《房屋建筑与装饰工程计价定额（上下册）》相应定额项目。

〖要点说明〗

根据招标文件要求或合同要求明确是否包含基础，若包含基础在内，可按基础类型执行建筑工程定额子目，若说明其施工范围只包含地上部分，基础部分由总包单位或招标人委托的其他单位施工。

〖条文〗

6. 园林小品装饰定额项目均已考虑面层或表层的装饰抹灰和基层抹灰，骨架制作执行相应定额项目。

〖要点说明〗

骨架制作根据设计结构形式、规格尺寸、材质不同，执行建筑及装饰定额对应子目。

〖条文〗

7. 栏杆、桌椅凳及杂项。

（1）混凝土栏杆、金属栏杆、塑料栏杆、金属围网等按成品考虑。

（2）园林石桌石凳以一桌四凳为一套，长条形石凳一套包括凳面、凳脚；园林桌椅凳等按成品考虑。

（3）钢网围墙中的型钢立柱执行《房屋建筑与装饰工程计价定额（上下册）》相应定额项目。

（4）石球、石灯笼、仿石音箱、石花盆、垃圾桶等按成品考虑。

〖要点说明〗

（1）实际工程中混凝土栏杆、金属栏杆（图 7.2.1）、塑料栏杆、金属围网等区分不同材质、规格型号大小、高度不同按市场询价进行确定。

图 7.2.1　金属栏杆

（2）钢网围墙中的型钢立柱定价方式有两种：

1）执行建筑及装饰定额钢结构章节对应子目。

2）钢网围墙（图 7.2.2）中的钢立柱直接并入钢网围墙面积进行计算，根据规格型号大小不同，一般市场报价为 120~180 元 /m^2（经验值）。

图 7.2.2　钢网围墙

（3）石球（图 7.2.3）、石灯笼（图 7.2.4）、仿石音箱、石花盆（图 7.2.5）、垃圾桶等按成品考虑。

图 7.2.3　石球

图 7.2.4　石灯笼

图 7.2.5　石花盆

〖条文〗

8. 本章定额项目不包含园建材料的二次转运和超运距搬运，实际发生时执行第八章“措施项目”相应定额项目。

〖要点说明〗

园建材料二次转运和超运距搬运属于措施费内容，实际发生时执行措施项目对应定额。

〖条文〗

9. 本章定额项目不包含脚手架搭拆费用，实际发生时执行第八章“措施项目”相应定额项目。

〖要点说明〗

脚手架搭拆费用属于措施费范畴，实际发生时执行措施项目相应定额。

7.2.2　园林景观屋面工程定额说明解读

本节包括景观屋面、屋顶花园基底处理内容。

〖条文〗

1. 景观屋面。

（1）稻草屋面按麦草屋面定额项目执行，草屋面设计厚度不同时，材料消耗量可以换算。竹屋面、树皮屋面、木屋面定额项目不包括柱、梁、檩、桷的制作、安装及屋面防水，发生时执行《房屋建筑与装饰工程计价定额（上下册）》相应定额项目。

（2）瓦屋面定额项目中瓦的规格尺寸与设计不同时，可以换算。25% ＜坡度≤ 45% 及人字形、锯齿形、弧形等不规则瓦屋面，人工乘以系数 1.3；坡度＞ 45% 时，人工乘以系数 1.43。单个屋面面积≤ 8m^2 时，人工乘以系数 1.3。

（3）椽子上铺设小青瓦，基层执行《房屋建筑与装饰工程计价定额（上下册）》相应定额项目。

（4）混凝土亭廊屋面定额项目未设置的基础、梁、柱等执行《房屋建筑与装饰工程计价定额（上下册）》相应定额项目。

〖要点说明〗

（1）屋面坡度越大，施工难度越大，人工降效增大，计算时综合考虑降效系数。

（2）单个屋面面积≤ 8m^2 时，施工工作面小、施工难度大，人工需要乘以系数 1.3。

（3）目前景观亭廊（图 7.2.6）项目中廊架多采用木结构，亭子常用木及石材结构，根据设计深化规格尺寸在工厂加工好，在现场进行组装、安装，钢筋混凝土亭廊由于造型简单、造价高、施工周期长，目前在实际景观项目中很少见到。

图 7.2.6 景观亭廊

〖条文〗

2. 屋顶花园基底处理。

（1）屋顶花园基底处理发生材料二次搬运、超运距搬运时，执行第八章“措施项目”相应定额项目。

（2）屋顶花园基底处理中设计采用耐根穿刺防水卷材时，执行《绿色建筑工程消耗量定额》TY01—01（02）—2017 相应定额项目。

〖要点说明〗

定额屋顶花园基底处理中设计采用耐根穿刺防水卷材按面积计算，具体参照各地定额说明执行。

〖条文〗

3. 屋面排水、屋面防水执行《房屋建筑与装饰工程计价定额（上下册）》相应定额项目。

〖要点说明〗

注意屋面防水定额消耗量只是按一般常规设计考虑的，若屋面防水设计特殊，在投标组价时要考虑测算防水附加层、搭接宽度按定额含量是否能包含在内，如果不包含可以按实际调整定额含量。

第 8 章　措施项目工程计量与计价

措施项目费（其他直接费）:

1. 组织措施费：是指为完成建设工程施工，发生于该工程施工前和施工过程中的按综合计费方式表现出来的措施费用。包括冬雨期施工增加费、夜间施工增加费、二次搬运费、检验试验配合费、工程定位点交费、场地清理费、文明施工费、环境保护费、临时设施费、已完工程及设备保护费、安全施工费等。

2. 技术措施费：包含乔灌木树木支撑、草绳缠树干、遮阴棚或防寒棚、加施基肥、树体输液、脚手架等。

8.1　措施项目工程量计算规则解读及计量

8.1.1　绿化工程措施项目工程量计算规则解读及计量

〖**条文**〗

1. 木质支撑棒、预制钢筋混凝土桩按不同的支撑形式以株计算。

〖**要点说明**〗

乔灌木树木支撑（图 8.1.1）有木质支撑，树棍桩（三角桩、四角桩、长单桩）、预制钢筋混凝土桩（长单桩、短单桩、扁担桩）、毛竹桩（三角桩、四角桩、一字桩）等支撑方式，计量单位按株计算。支撑方式根据清单特征描述或施工方案确定计算。

图 8.1.1　乔木支撑

〖条文〗

2. 草绳缠树干，按乔木胸径及草绳缠干高度以株计算。

〖要点说明〗

草绳缠树干（图 8.1.2）对应定额子目从两个维度设置：（1）从胸径、干径进行分析；（2）从草绳缠绕的高度分析。需要注意的是，草绳绕树干定额子目中区分了缠干高度 $m \leqslant 1.5$m 与 $m>1.5$m 两个子目，其中 1.5m 是指缠绕部分的高度，而不是树干的总高度。

图 8.1.2 草绳缠树干

〖条文〗

3. 搭设无支撑遮阴棚按以下规定计算。

（1）乔木按乔木高度以株计算。

（2）露地花卉、地被、片植灌木按搭设高度以水平投影面积计算。

〖要点说明〗

乔木搭设无支撑遮阴棚（图 8.1.3）分不同高度按株计算，注意不是按面积计算。

图 8.1.3　乔木搭设无支撑遮阴棚

〖条文〗

4. 钢管支撑遮阴（防寒）棚按外围覆盖层展开尺寸以面积计算。

〖要点说明〗

钢管支撑遮阴（防寒）棚（图 8.1.4）工程量计算需要按照覆盖层展开面积计算，注意与搭设无支撑遮阴棚区分。

图 8.1.4　钢管支撑遮阴（防寒）棚

〖条文〗

5. 加施基肥：乔木、单株灌木、棕榈、散生竹、攀缘植物以株计算；丛生竹以丛计算；片植灌木、成片绿篱、地被、草坪以面积计算；单、双排绿篱以延长米计算。

〖要点说明〗

植物加施基肥应注意：

（1）看肥料种类。

（2）根据天气情况决定施肥次数和施肥量。

（3）看地施肥，土质不同施用不同肥料，有机肥料要充足发酵、腐熟，切忌用生粪，且浓度宜稀，化肥必须完全粉碎成粉状，不宜成块施用。

（4）根据苗木不同生长季施用不同肥料。

〖**条文**〗

6. 生根催芽、枝根消毒：乔木、单株灌木、棕榈、散生竹以株计算。

〖**要点说明**〗

生根催芽注意事项：

（1）一定要填实土、浇透水，否则容易造成根系“架空”。

（2）避免“深栽”或栽植过浅：如果栽植过深，应适当挖开一些表土；如果栽植过浅，可适当培土。

（3）合理浇水，避免积水沤根。

（4）进入冬季可适当高培土，开春以后应松土透气，以增加根部透气性，促使根系生长。

（5）浇灌生根剂，生根剂的合理使用可以快速刺激树木生根。

（6）树木移栽一般来说为三分栽植、七分养护。

（7）枝根消毒方法有喷洒、浸苗和熏蒸等方法。

〖**条文**〗

7. 土壤消毒以土壤体积计算。

〖**要点说明**〗

土壤消毒常用化学药剂如百菌清、多菌灵、咯菌腈等，根据不同的药剂说明配合比进行稀释，定额消耗量为 $0.3kg/10m^3$。

〖**条文**〗

8. 树体输液以组（一个输液袋加一套或多套管线为一组）计算。

〖要点说明〗

树体输液（图 8.1.5）计算规则：以一个输液袋加一套或多套管线为一组进行计算，计量单位为组。

图 8.1.5　树体输液

8.1.2　脚手架工程量计算规则解读及计量

〖条文〗

1. 脚手架工程量按墙面水平边线长度乘以墙面砌筑高度以面积计算。

〖要点说明〗

例：某脚手架参数如图 8.1.6 所示，计算脚手架工程量。

解：外立面脚手架面积 =（1.5×8）×（0.6×8）=57.6（m^2）。

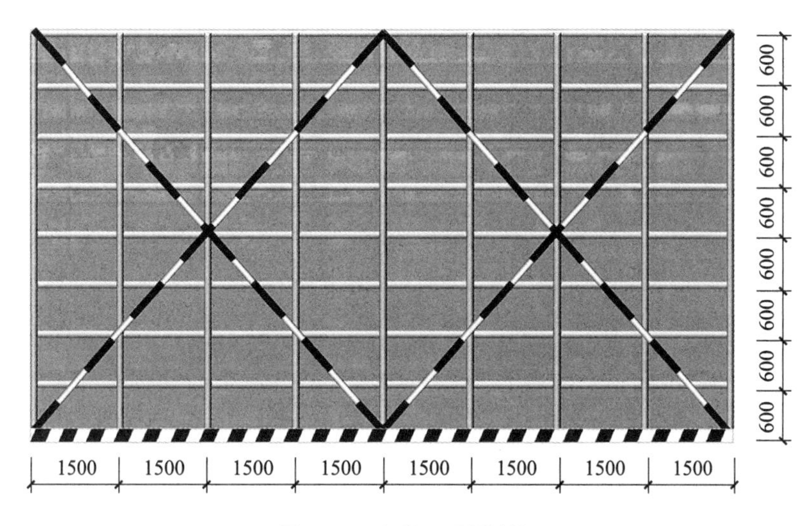

图 8.1.6　脚手架工程量计算

〖条文〗

2. 独立柱按设计图示尺寸，以结构外围周长另加 3.6m 乘以高度以面积计算。

〖要点说明〗

例：某独立柱断面尺寸 200mm×200mm，高度 2.5m，计算独立柱脚手架面积。

解：独立柱脚手架面积 =（$0.2\times4+3.6$）$\times2.5=11$（m^2）。

〖条文〗

3. 堆砌（塑）假山脚手架按外围水平投影最大矩形周长乘以堆砌（塑）高度以面积计算。

〖要点说明〗

堆砌（塑）假山脚手架面积注意是按照外接最大矩形周长 × 高度计算，其中外接矩形周长可在图纸中绘制并直接计算。

〖条文〗

4. 亭廊脚手架（综合脚手架）按设计图示尺寸的结构外围水平面积计算。

〖要点说明〗

略。

〖条文〗

5. 桥支架体积为结构底到原地面（水上支架为水上支架平台顶面）平均高度乘以纵向距离再乘以（桥宽 +2m）计算。

〖要点说明〗

这类做法在景观工程中很少用到，仅作参考。

8.1.3　园建材料二次搬运、超运距搬运工程量计算规则解读及计量

〖条文〗

1. 园建材料二次搬运、超运距搬运按园建材料的质量或体积计算。

〖要点说明〗

园林绿化定额总说明有具体规定，不同省份对二次搬运、超运距搬运距离规定不同，具体参考当地绿化定额说明。

〖条文〗

2. 袋水泥、袋石灰、钢筋等按质量计算；标准砖、石料、砂、种植土等以体积计算；砂浆、混凝土构件以实际体积计算。

〖要点说明〗

袋水泥、袋石灰、钢筋按质量（kg）计算，标准砖、石料、砂、种植土等以体积（m^3）计算；砂浆、混凝土构件以实际体积（m^3）计算。

8.1.4　围堰工程工程量计算规则解读及计量

〖条文〗

1. 袋装围堰筑堤按设计图示尺寸以体积计算。

〖要点说明〗

如图 8.1.7 所示，此袋装围堰筑堤工程量（m^3）=1/2 ×（上底面积 + 下底面积）× 高度。

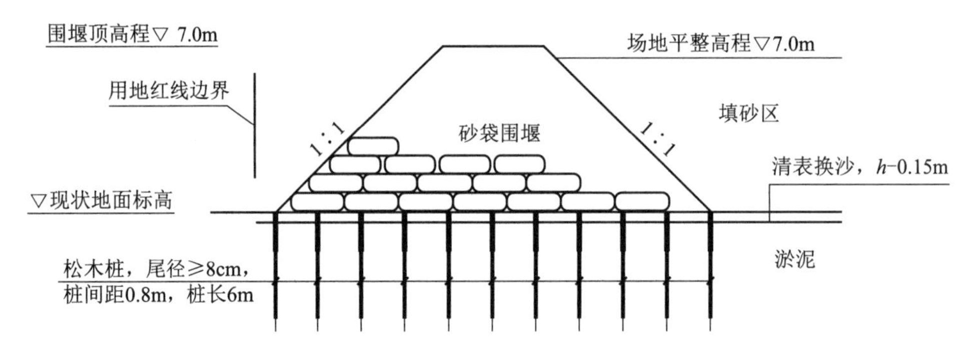

图 8.1.7　袋装围堰筑堤

〖条文〗

2. 打木桩钎以组计算，每 5 根木桩钎为一组。

〖要点说明〗

略。

8.2　措施项目定额说明解读及计价

本章包括树木支撑、草绳缠干、搭设遮阴棚、搭设防寒棚、树体输液、树干涂白、栽植基础处理、脚手架、园建材料二次搬运、围堰。

8.2.1 绿化工程措施项目定额说明解读及计价

〖条文〗

1. 本章搭设遮阴（防寒）棚是以单层网考虑，若搭设双层网，人工乘以系数1.2，材料（遮阴网、防寒膜）乘以系数2。单株灌木的遮阴（防寒）按展开面积，执行片植灌木遮阴（防寒）定额项目。

〖要点说明〗

不同省份制定措施项目内容不同，具体参考当地绿化定额措施章节计算规则说明。

〖条文〗

2. 加施基肥、枝根消毒、生根催芽、树体输液等项目，按设计要求或施工组织设计执行相应定额项目。

〖要点说明〗

略。

〖条文〗

3. 绿化工程措施项目，实际施工与定额所列材料不同时，按施工组织设计方案或专项施工方案的要求另行计算。

〖要点说明〗

在实际施工中，由于不同苗木或特定区域土质特殊性，需要按施工组织设计或专项施工方案的要求对苗木进行特殊的保护措施。所列措施内容与定额所列材料不同时，可以另行计算。

8.2.2 脚手架定额说明解读及计价

〖条文〗

1. 脚手架措施项目指施工需要的脚手架搭、拆、运输及脚手架摊销的工料消耗。

〖要点说明〗

措施章节定额所列脚手架是指施工现场需要的脚手架搭、拆、运输及脚手架摊销（不是一次购买材料）的工料消耗。

〖条文〗

2. 钢管脚手架定额项目已包括斜道及拐弯平台搭设。

〖要点说明〗

定额所列综合脚手架包含清理场地、搭拆脚手架、挂安全网、拆除、材料堆放，材料场地内外运输、斜道及拐弯平台的搭设和拆除。

〖条文〗

3. 砌筑物高度超过1.2m时可计算脚手架搭拆费用。

〖要点说明〗

略。

〖条文〗

4. 堆砌（塑）假山脚手架执行单、双排脚手架定额项目。

〖**要点说明**〗

根据堆砌（塑）假山的高度及施工安全要求，执行单、双排脚手架定额项目。

〖**条文**〗

5. 亭廊脚手架（综合脚手架）定额项目中包括装饰、混凝土浇捣用脚手架。

〖**要点说明**〗

略。

〖**条文**〗

6. 桥支架不包括底模及地基加固。

〖**要点说明**〗

桥支架定额子目未包括底模及地基加固，实际发生时需要单独计算底模及地基加固费用。

〖**条文**〗

7. 脚手架定额项目不能满足施工需要时，执行《房屋建筑与装饰工程计价定额（上下册）》相应定额项目。

〖**要点说明**〗

园林绿化定额中脚手架定额项目不能满足正常施工需要时，可以执行当地房屋建筑工程定额中相应脚手架定额项目。

〖**条文**〗

8. 满堂式钢管支架定额只含搭拆。

〖**要点说明**〗

园林绿化定额中脚手架工作内容包含平整场地、搭拆钢管支架、材料堆放等。

8.2.3　园建材料二次搬运、超运距搬运定额说明解读及计价

〖**条文**〗

园建材料二次搬运、超运距搬运分为人工搬运及人力车搬运，300m 内按照《建设工程费用定额》执行，园建材料发生人工搬运 100m ＜水平运距≤ 500m 时，执行相应定额项目；500m ＜水平运距≤ 1000m 时，执行相应定额项目人工乘以系数 1.2；水平运距＞ 1000m 时，执行相应定额项目人工乘以系数 1.5。

〖**要点说明**〗

不同省份对园建材料二次搬运、超运距搬运设置不同的距离，具体执行参考当地绿化定额具体说明。

8.2.4　围堰工程定额说明解读及计价

〖**条文**〗

1. 围堰工程定额项目仅列袋装围堰筑堤、打木桩钎，其他形式围堰执行《市政工程计价定额（上中下册）》相应定额项目。

〖**要点说明**〗

木桩如图 8.2.1 所示。

图 8.2.1　木桩

〖**条文**〗

2. 袋装围堰筑堤定额项目，纤维袋规则尺寸与定额项目不同时，可调整纤维袋消耗量，其他不变。

〖**要点说明**〗

袋装围堰筑堤如图 8.2.2 所示。

图 8.2.2　袋装围堰筑堤

第3篇

案例篇

本篇为案例篇。本篇选取经典案例，完整呈现从识图到计量再到计价的造价文件编制全过程。本篇学习完成后，您将掌握实际造价过程中的完整处理思路及方法，举一反三，可以直接进行园林绿化及景观工程的工程量计算及计价文件编制。

第 9 章　园林绿化工程造价文件编制案例分析

9.1　案例一：带状绿地工程量计算及计价

【案例介绍】

某公园带状绿地位于公园大门口入口处南端，长 100m，宽 15m。绿地两边种植中等乔木，普坚土种植，绿地中配植了一定数量的常绿树木、花和灌木，丰富了植物色彩，如图 9.1.1 所示。裸根种植，养护期 1 年。计算小叶女贞及合欢的工程量，并完成此部分工程造价文件编制。

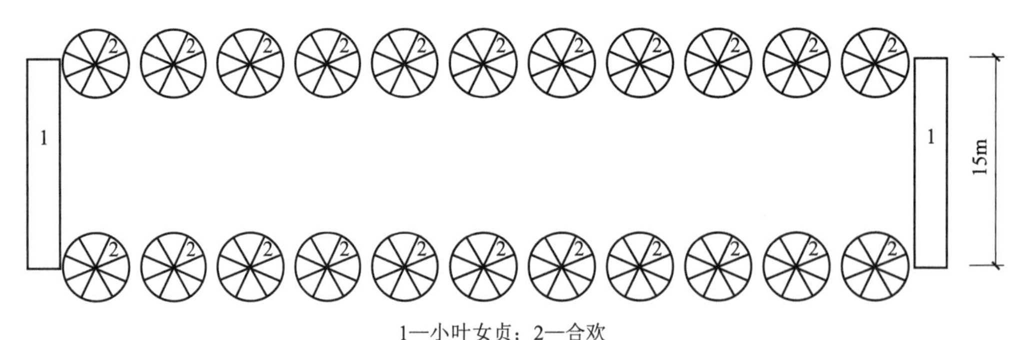

图 9.1.1　带状绿地平面图

【案例分析】

图 9.1.1 为带状绿地平面图，标注了代号各类规格、型号的苗木，可以直接计算工程量。需要注意的是，在实际工作中，如果图纸中给定苗木工程量表，我们仍需要对照平面图进行苗木数量和面积的核对，确定平面图与苗木统计表中数量有无误差。如果有误差，则需要找出其中的错误原因，要求设计方修改正确后进行计算。

组价时，除了要套用栽植定额以外，还需要套用养护部分的定额进行计算。同时，还需要考虑主材价格调整及综合取费情况。

说明：本案例及后续案例使用的清单库为《建设工程工程量清单项目计价规范》（2013 年版），定额库为《宁夏园林绿化工程计价定额》（2019），采用一般计税方式，后续案例不再重复说明。

【案例详解】

1. 识图

平面图中已给定各代号对应苗木图例，并在下方标注各代号对应苗木名称，直接对应即可。

2. 工程量清单编制

（1）套用清单项目并完善项目特征

套用 050102005001 栽植单排绿篱小叶女贞及 050102001001 栽植乔木合欢清单项目，按照实际情况修改项目名称，完善项目特征，如图 9.1.2 所示。

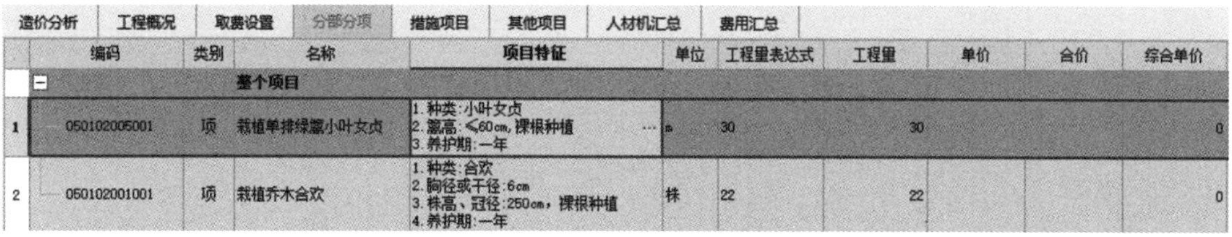

造价分析 | 工程概况 | 取费设置 | 分部分项 | 措施项目 | 其他项目 | 人材机汇总 | 费用汇总

	编码	类别	名称	项目特征	单位	工程量表达式	工程量	单价	合价	综合单价
			整个项目							
1	050102005001	项	栽植单排绿篱小叶女贞	1. 种类：小叶女贞 2. 篱高：≤60cm，裸根种植 3. 养护期：一年	m	30	30			0
2	050102001001	项	栽植乔木合欢	1. 种类：合欢 2. 胸径或干径：6cm 3. 株高、冠径：250cm，裸根种植 4. 养护期：一年	株	22	22			0

图 9.1.2　案例一工程量清单编制

（2）计算工程量

1）单排绿篱小叶女贞：

参照本书第 5 章 5.1 节中：单排和双排绿篱起挖、栽植和养护按设计图示数量以延长米计算。栽植长度为 15m，两侧栽植，所以栽植单排绿篱小叶女贞工程量 =15m × 2=30（m）。

2）乔木合欢：

参照本书第 5 章 5.1 节中：乔木起挖和栽植分带土球及裸根，按设计图示数量以株计算。栽植乔木合欢工程量直接在平面图中数数量即可，种植数量 22（株），裸根种植。

3. 工程量清单组价

1）单排绿篱小叶女贞组价：

套用栽植子目 4-2-442，修改主材名称为“小叶女贞”，修改主材单价为“18”（具体价格以当地价格为准）。

套用养护定额子目 4-2-608，参照本书第 5 章 5.2 节中表 5.2.2 栽植工程植物养护月调整系数表，输入养护工程量。

①第 1 个月：执行相应定额 ×1，即在工程量中输入栽植工程量即可。

②第 2~3 个月：执行相应定额 ×0.7，在工程量中选择“QDL”（清单量）×2（个月），定额子目 ×0.7。

③第 4~6 个月：执行相应定额 ×0.4，在工程量中选择“QDL”（清单量）×3（个月），定额子目 ×0.4。

④第 7~12 个月：执行相应定额 ×0.3，在工程量中选择“QDL”（清单量）×6（个月），定额子目 ×0.3。

组价完成后如图 9.1.3 所示。

造价分析 | 工程概况 | 取费设置 | 分部分项 | 措施项目 | 其他项目 | 人材机汇总 | 费用汇总

	编码	类别	名称	项目特征	单位	工程量表达式	工程量	单价	合价	综合单价	综合合价
	⊟		整个项目								3769.5
1	⊟ 050102005001	项	栽植单排绿篱小叶女贞…	1.种类:小叶女贞 2.篱高:≤60cm,裸根种植 3.养护期:一年	m	30	30			125.65	3769.5
	⊟ 4-2-442	定	栽植单排绿篱 高度(cm)≤60		10m	QDL	3	68.4	205.2	1189.41	3568.23
	32030010@1	主	小叶女贞		株		183.6	18	3304.8		
	4-2-608	定	单排绿篱养护 高度(cm)≤100		10m/月	QDL	3	9.87	29.61	12.42	37.26
	4-2-608 *0.7	换	单排绿篱养护 高度(cm)≤100 单价*0.7		10m/月	QDL*2	6	6.91	41.46	8.69	52.14
	4-2-608 *0.4	换	单排绿篱养护 高度(cm)≤100 单价*0.4		10m/月	QDL*3	9	3.96	35.64	4.97	44.73
	4-2-608 *0.3	换	单排绿篱养护 高度(cm)≤100 单价*0.3		10m/月	QDL*6	18	2.97	53.46	3.73	67.14

工料机显示 | 单价构成 | 标准换算 | 换算信息 | 安装费用 | 特征及内容 | 组价方案 | 工程量明细 | 反查图形工程量 | 说明信息

	编码	类别	名称	规格及型号	单位	数量	不含税预算价	除税市场价	含税市场价	税率	是否暂估
1	00010003	人	普工		工日	0.555	113	113	113	0	
2	00010005	人	一般技工		工日	1.281	141	141	141	0	
3	00010007	人	高级技工		工日	0.039	169	169	169	0	
4	RGFTZ	人	人工费调整		元	-0.78	1	1	1	0	
5	32270010	材	肥料		kg	1.287	4.66	4.66	5.27	13	☐
6	32270055	材	药剂		kg	0.093	50	50	56.5	13	☐
7	34110117	材	水		m3	2.181	3.88	3.88	4	3	☐
8	CLFTZ	材	材料费调整		元	-0.48	1	1	1	0	
9	⊞ 99370090	机	喷药杀虫车	载重质量1.5t	台班	0.048	362.44	362.44	362.44		
15	⊞ 99370120	机	绿篱修剪机		台班	0.255	328.7	328.7	328.7		
21	JXFTZ	机	机械费调整		元	-3.66	1	1	1	0	
22	32030010@1	主	小叶女贞		株	183.6	18	18	18	0	☐

图 9.1.3 案例一工程量清单组价（小叶女贞）

2）乔木合欢组价：

套用栽植子目 4-2-391，修改主材名称为“合欢”，修改主材单价为“75”（具体价格以当地价格为准）。

套用养护定额子目 4-2-579，工程量及定额子目系数计算同小叶女贞，此处不再赘述。

组价完成后如图 9.1.4 所示。

造价分析 | 工程概况 | 取费设置 | 分部分项 | 措施项目 | 其他项目 | 人材机汇总 | 费用汇总

	编码	类别	名称	项目特征	单位	工程量表达式	工程量	单价	合价	综合单价	综合合价
2	⊟ 050102001001	项	栽植乔木合欢	1.种类:合欢 2.胸径或干径:6cm 3.株高、冠径:250cm，裸根种植 4.养护期:一年	株	22	22			119.83	2636.26
	⊟ 4-2-391	定	栽植裸根乔木 胸径≤6cm/地径≤8cm		10株	QDL	2.2	121.28	266.82	916.75	2016.85
	32010540@1	主	合欢		株		22.33	75	1674.75		
	4-2-579	定	落叶乔木养护 胸径≤6cm/干径≤8cm		10株/月	QDL	2.2	41.49	91.28	52.12	114.66
	4-2-579 *0.7	换	落叶乔木养护 胸径≤6cm/干径≤8cm 单价*0.7		10株/月	QDL*2	4.4	29.05	127.82	36.49	160.56
	4-2-579 *0.4	换	落叶乔木养护 胸径≤6cm/干径≤8cm 单价*0.4		10株/月	QDL*3	6.6	16.6	109.56	20.85	137.61
	4-2-579 *0.3	换	落叶乔木养护 胸径≤6cm/干径≤8cm 单价*0.3		10株/月	QDL*6	13.2	12.45	164.34	15.64	206.45

工料机显示 | 单价构成 | 标准换算 | 换算信息 | 安装费用 | 特征及内容 | 组价方案 | 工程量明细 | 反查图形工程量 | 说明信息

	编码	类别	名称	规格及型号	单位	数量	不含税预算价	除税市场价	含税市场价	税率	是否暂估
1	00010003	人	普工		工日	1.538	113	113	113	0	
2	00010005	人	一般技工		工日	3.258	141	141	141	0	
3	00010007	人	高级技工		工日	0.308	169	169	169	0	
4	RGFTZ	人	人工费调整		元	0.242	1	1	1	0	
5	32270010	材	肥料		kg	5.533	4.66	4.66	5.27	13	☐
6	32270055	材	药剂		kg	0.392	50	50	56.5	13	☐
7	34110117	材	水		m3	3.001	3.88	3.88	4	3	☐
8	CLFTZ	材	材料费调整		元	-0.022	1	1	1	0	
9	⊞ 99370090	机	喷药杀虫车	载重质量1.5t	台班	0.048	362.44	362.44	362.44		
15	JXFTZ	机	机械费调整		元	-0.176	1	1	1	0	
16	32010540@1	主	合欢		株	22.33	75	75	75	0	☐

图 9.1.4 案例一工程量清单组价（合欢）

4. 主材单价确定

主材价格确定方式及其他人材机价格调整方式参照本书第 3 章，此处不再赘述。

5. 其他费用计算

调整工程类别为“三类工程”，则各项费率按照绿化三类工程费率标准进行取费，如图 9.1.5 所示。

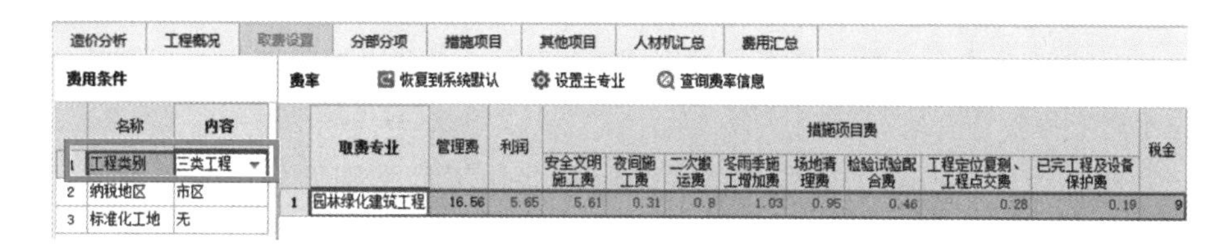

图 9.1.5　案例一其他费用计算

查看“费用汇总”，即可查看工程造价，如图 9.1.6 所示。

造价分析 | 工程概况 | 取费设置 | 分部分项 | 措施项目 | 其他项目 | 人材机汇总 | 费用汇总

	序号	费用代号	名称	计算基数	基数说明	费率(%)	金额	费用类别
1	1	A	分部分项工程项目	FBFXHJ	分部分项合计		6,337.94	分部分项工程费
2	2	B	措施项目	CSXMHJ	措施项目合计		101.07	措施项目费
3	2.1	B1	单价措施项目	DJCSF	单价措施项目合计		0.00	单价措施费
4	2.2	B2	总价措施项目	ZJCSF	总价措施项目合计		101.07	总价措施费
5	2.2.1	B21	其中：安全文明措施费	AQWMCSF	安全文明措施费		58.88	
6	3	C	其他项目	QTXMHJ	其他项目合计		0.00	其他项目费
7	3.1	C1	暂列金额	ZLJE	暂列金额		0.00	暂列金额
8	3.2	C2	专业工程暂估价	ZYGCZGJ	专业工程暂估价		0.00	专业工程暂估价
9	3.3	C3	计日工	JRG	计日工		0.00	计日工
10	3.4	C4	总承包服务费	ZCBFWF	总承包服务费		0.00	总承包服务费
11	3.5	C5	索赔与现场签证	SPYXCQZ	索赔与现场签证		0.00	索赔与现场签证
12	4	D	税金	A+B+C	分部分项工程项目+措施项目+其他项目	9	579.51	税金
13	5	E	工程造价	A+B+C+D	分部分项工程项目+措施项目+其他项目+税金		7,018.52	工程造价

图 9.1.6　案例一费用汇总

9.2　案例二：某公园绿化种植工程量计算及计价

【案例介绍】

某公园绿化种植苗木工程量表如图 9.2.1 所示（平面图略），按照工程量表完成此部分工程造价文件编制。

苗木工程量表				
序号	苗木名称	数量	单位	规格
1	油松	294	株	H≥1.5m
2	云杉	30	株	H≥1.5m
3	桧柏球	150	株	冠幅60cm
4	垂柳	399	株	D4～5m
5	珊瑚柳	166	株	D4～5m
6	侧柏	226	株	H≥2.0m
7	国槐	100	株	D≥4cm
8	复叶槭	293	株	D3～4m
9	刺槐	298	株	D≥4m
10	丝棉木	125	株	D≥4cm

图 9.2.1　某公园绿化种植苗木工程量表

【案例分析】

本案例中给出了各苗木的工程量，拿到施工图后需要将苗木工程量明细表与平面图中各类苗木对应的数量进行仔细核对，无异议后再根据招标文件或项目具体要求进行编制。另外，在实际工作中还注意考虑以下问题：

1. 按照图纸所列苗木数量、面积、造价指标要求，该绿化工程考虑属于绿化工程划分标准中的几类工程？

以宁夏地区为例，按照当地费用定额中园林绿化工程类别划分说明，根据绿化工程划分标准，本工程属于新建工程，从绿化工程划分标准查看属于三类工程（单位工程造价 $\leqslant 300$ 元 /m^2）。

2. 苗木主材价格参照信息价还是市场询价？如果是信息价，具体以哪期为准？

苗木主材价格计入的基本原则：根据招标文件或项目具体要求确定计入。本案例中苗木主材价计算以当地工程造价苗木信息价计入，若当地《工程造价》（期刊）信息价中没有对应苗木信息价格时，可以在当地苗圃市场询价或在各类询价网站确认。

注：工程信息价是指由当地建筑工程造价管理站每 2 个月发布一次。

3. 养护期期限是一年还是两年？

养护期应该根据招标文件、清单特征描述或合同确定，本案例以一年养护期为计算标准。

4. 除了栽植及养护费用外，还需根据项目实际情况考虑树木支撑、搭遮阴棚、防寒棚、草绳绕树干等技术措施费或其他费用等。

【案例详解】

1. 识图

苗木工程量表中已经给出各苗木的苗木名称、数量、单位及规格，可再对照平面图中对应苗木图例进行工程量核对。

2. 工程量清单编制

（1）套用清单项目并完善项目特征

1）油松：

按照苗木工程量表中给定规格，$H \geqslant 1.5$m，胸径 6cm（图纸说明中给出），油松属于常绿乔木，套用 050102001001 栽植乔木清单项目，按照实际情况修改项目名称，参照施工方案技术要求完善项目特征。

2）云杉：

按照苗木工程量表中给定规格，$H \geqslant 1.5$m，胸径 6cm（图纸说明中给出），云杉属于常绿乔木，套用 050102001002 栽植乔木清单项目，按照实际情况修改项目名称，参照施工方案技术要求完善项目特征。

3）桧柏球：

按照苗木工程量表中给定规格，冠幅 60cm，胸径 6cm（图纸说明中给出），桧柏球属于常绿乔木，套用 050102001003 栽植乔木清单项目，按照实际情况修改项目名称，参照施工方案技术要求完善项目特征。

4）垂柳：

按照苗木工程量表中给定规格，胸径 4~5cm，高度 2.5m（图纸说明中给出），垂柳属于常绿乔木，套用 050102001004 栽植乔木清单项目，按照实际情况修改项目名称，参照施工方案技术要求完善项目特征。

5）珊瑚柳：

按照苗木工程量表中给定规格，胸径 4~5cm，高度 2m（图纸说明中给出），珊瑚柳属于常绿乔木，套用 050102001005 栽植乔木清单项目，按照实际情况修改项目名称，参照施工方案技术要求完善项目特征。

6）侧柏：

按照苗木工程量表中给定规格，$H \geqslant 2.0$m，胸径 4~5cm（图纸说明中给出），侧柏属于常绿乔木，套用 050102001006 栽植乔木清单项目，按照实际情况修改项目名称，参照施工方案技术要求完善项目特征。

7）国槐：

按照苗木工程量表中给定规格，胸径 ≥ 4cm，高度 2.5m（图纸说明中给出），国槐属于常绿乔木，套用 050102001007 栽植乔木清单项目，按照实际情况修改项目名称，参照施工方案技术要求完善项目特征。

8）复叶槭：

按照苗木工程量表中给定规格，胸径 3~4cm，复叶槭属于落叶乔木，套用 050102001008 栽植乔木清单项目，按照实际情况修改项目名称，参照施工方案技术要求完善项目特征。

9）刺槐：

按照苗木工程量表中给定规格，胸径 ≥ 4cm，刺槐属于落叶小乔木，套用 050102001009 栽植乔木清单项目，按照实际情况修改项目名称，参照施工方案技术要求完善项目特征。

10）丝棉木：

按照苗木工程量表中给定规格，胸径 ≥ 4cm，丝棉木属于落叶乔木，套用 050102001010 栽植乔木清单项目，按照实际情况修改项目名称，参照施工方案技术要求完善项目特征。

工程量清单编制完成后如图 9.2.2 所示。

（2）计算工程量

本案例中苗木均按照图示数量以株计算，可对照平面图直接在图中数数量后核对苗木工程量表，无误后将工程量填入工程量清单中即可。

3. 工程量清单组价

1）油松组价：

套用栽植子目 4-2-391，修改主材名称为“油松”，修改主材单价为“280”（具体价格以当地工程造价信息价格为准）。

造价分析 | 工程概况 | 取费设置 | 分部分项 | 措施项目 | 其他项目 | 人材机汇总 | 费用汇总

	编码	类别	名称	项目特征	单位	工程量表达式	工程量	单价	合价	综合单价
	−		整个项目							
1	050102001001	项	栽植乔木油松	1. 种类:油松 2. 胸径或干径:6cm 3. 株高、冠径:150cm，裸根种植 4. 养护期:一年	株	294	294			0
2	050102001002	项	栽植乔木云杉	1. 种类:云杉 2. 胸径或干径:6cm 3. 株高、冠径:150cm，裸根种植 4. 养护期:一年	株	30	30			0
3	050102001003	项	栽植乔木桧柏球	1. 种类:桧柏球 2. 胸径或干径:6cm 3. 株高、冠径:60cm，裸根种植 4. 养护期:一年	株	150	150			0
4	050102001004	项	栽植乔木垂柳	1. 种类:垂柳 2. 胸径或干径:4-5cm 3. 株高、冠径:≥250cm，裸根种植 4. 养护期:一年	株	399	399			0
5	050102001005	项	栽植乔木珊瑚柳	1. 种类:珊瑚柳 2. 胸径或干径:4-5cm 3. 株高、冠径:≥200cm，裸根种植 4. 养护期:一年	株	166	166			0
6	050102001006	项	栽植乔木侧柏	1. 种类:侧柏 2. 胸径或干径:4-5cm 3. 株高、冠径:≥200cm，裸根种植 4. 养护期:一年	株	226	226			0
7	050102001007	项	栽植乔木国槐	1. 种类:国槐 2. 胸径或干径:≥4cm，裸根种植 3. 养护期:一年	株	100	100			0
8	050102001008	项	栽植乔木复叶槭	1. 种类:复叶槭 2. 胸径或干径:3-4cm，裸根种植 3. 养护期:一年	株	293	293			0
9	050102001009	项	栽植乔木刺槐	1. 种类:刺槐 2. 胸径或干径:≥4cm，裸根种植 3. 养护期:一年	株	298	298			0
10	050102001010	项	栽植乔木丝棉木	1. 种类:丝棉木 2. 胸径或干径:≥4cm，裸根种植 3. 养护期:一年	株	125	125			0

图 9.2.2 案例二工程量清单编制

套用养护定额子目 4-2-569，参照本书第 5 章 5.2 节中表 5.2.1 栽植工程植物养护月调整系数表，输入养护工程量。

①第 1 个月：执行相应定额 ×1，即在工程量中输入栽植工程量即可。

②第 2~3 个月：执行相应定额 ×0.7，在工程量中选择“QDL”（清单量）×2（个月），定额子目 ×0.7。

③第 4~6 个月：执行相应定额 ×0.4，在工程量中选择“QDL”（清单量）×3（个月），定额子目 ×0.4。

④第 7~12 个月：执行相应定额 ×0.3，在工程量中选择“QDL”（清单量）×6（个月），定额子目 ×0.3。

本案例中后续养护定额子目均按此方式套用及调整，后续不再赘述。

组价完成后如图 9.2.3 所示。

2）云杉组价：

套用栽植子目 4-2-391，修改主材名称为“云杉”，修改主材单价为“128”（具体价格以当地工程造价信息价格为准）。

套用养护定额子目 4-2-569，计算并输入养护工程量。

组价完成后如图 9.2.4 所示。

3）桧柏球组价：

套用栽植子目 4-2-391，修改主材名称为“桧柏球”，修改主材单价为“135”（具体价格以当地工程造价信息价格为准）。

套用养护定额子目 4-2-569，计算并输入养护工程量。

造价分析　工程概况　取费设置　分部分项　措施项目　其他项目　人材机汇总　费用汇总

	编码	类别	名称	项目特征	单位	工程量表达式	工程量	单价	合价	综合单价	综合合价
	⊟		整个项目								294480.86
1	⊟ 050102001001	项	栽植乔木油松	1. 种类：油松 2. 胸径或干径：6cm 3. 株高、冠径：150cm，裸根种植 4. 养护期：一年	株	294	294			323.75	95182.5
	⊟ 4-2-391	定	栽植裸根乔木 胸径≤6cm/地径≤8cm		10株	QDL	29.4	121.28	3565.63	2989.78	87899.53
	3201054001	主	油松		株		298.41	280	83554.8		
	4-2-569	定	常绿乔木养护 胸径≤6cm/干径≤8cm		10株/月	QDL	29.4	38.31	1126.31	45.86	1348.28
	4-2-569 *0.7	换	常绿乔木养护 胸径≤6cm/干径≤8cm 单价*0.7		10株/月	QDL*2	58.8	26.82	1577.02	32.09	1886.89
	4-2-569 *0.4	换	常绿乔木养护 胸径≤6cm/干径≤8cm 单价*0.4		10株/月	QDL*3	88.2	15.33	1352.11	18.35	1618.47
	4-2-569 *0.3	换	常绿乔木养护 胸径≤6cm/干径≤8cm 单价*0.3		10株/月	QDL*6	176.4	11.51	2030.36	13.77	2429.03

工料机显示　单价构成　标准换算　换算信息　安装费用　特征及内容　组价方案　工程量明细　反查图形工程量　说明信息

	编码	类别	名称	规格及型号	单位	数量	不含税预算价	除税市场价	含税市场价	税率	是否暂估
1	00010003	人	普工		工日	19.522	113	113	113	0	
2	00010005	人	一般技工		工日	41.69	141	141	141	0	
3	00010007	人	高级技工		工日	3.823	169	169	169	0	
4	RGFTZ	人	人工费调整		元	0.882	1	1	1	0	
5	32270010	材	肥料		kg	79.38	4.66	4.66	5.27	13	☐
6	32270055	材	药剂		kg	4.763	50	50	56.5	13	☐
7	34110117	材	水		m3	35.339	3.88	3.88	4	3	☐
8	⊞ 99370090	机	喷药杀虫车	载重质量1.5t	台班	0.47	362.44	362.44	362.44		
14	JXFTZ	机	机械费调整		元	4.116	1	1	1	0	
15	3201054001	主	油松		株	298.41	280	280	280	0	☐

图 9.2.3　案例二工程量清单组价（油松）

造价分析　工程概况　取费设置　分部分项　措施项目　其他项目　人材机汇总　费用汇总

	编码	类别	名称	项目特征	单位	工程量表达式	工程量	单价	合价	综合单价	综合合价
2	⊟ 050102001002	项	栽植乔木云杉	1. 种类：云杉 2. 胸径或干径：6cm 3. 株高、冠径：150cm，裸根种植 4. 养护期：一年	株	30	30			169.47	5084.1
	⊟ 4-2-391	定	栽植裸根乔木 胸径≤6cm/地径≤8cm		10株	QDL	3	121.28	363.84	1446.98	4340.94
	3201054002	主	云杉		株		30.45	128	3897.6		
	4-2-569	定	常绿乔木养护 胸径≤6cm/干径≤8cm		10株/月	QDL	3	38.31	114.93	45.86	137.58
	4-2-569 *0.7	换	常绿乔木养护 胸径≤6cm/干径≤8cm 单价*0.7		10株/月	QDL*2	6	26.82	160.92	32.09	192.54
	4-2-569 *0.4	换	常绿乔木养护 胸径≤6cm/干径≤8cm 单价*0.4		10株/月	QDL*3	9	15.33	137.97	18.35	165.15
	4-2-569 *0.3	换	常绿乔木养护 胸径≤6cm/干径≤8cm 单价*0.3		10株/月	QDL*6	18	11.51	207.18	13.77	247.86

工料机显示　单价构成　标准换算　换算信息　安装费用　特征及内容　组价方案　工程量明细　反查图形工程量　说明信息

	编码	类别	名称	规格及型号	单位	数量	不含税预算价	除税市场价	含税市场价	税率	是否暂估
1	00010003	人	普工		工日	1.992	113	113	113	0	
2	00010005	人	一般技工		工日	4.254	141	141	141	0	
3	00010007	人	高级技工		工日	0.39	169	169	169	0	
4	RGFTZ	人	人工费调整		元	0.09	1	1	1	0	
5	32270010	材	肥料		kg	8.1	4.66	4.66	5.27	13	☐
6	32270055	材	药剂		kg	0.486	50	50	56.5	13	☐
7	34110117	材	水		m3	3.606	3.88	3.88	4	3	☐
8	⊞ 99370090	机	喷药杀虫车	载重质量1.5t	台班	0.048	362.44	362.44	362.44		
14	JXFTZ	机	机械费调整		元	0.42	1	1	1	0	
15	3201054002	主	云杉		株	30.45	128	128	128	0	☐

图 9.2.4　案例二工程量清单组价（云杉）

组价完成后如图 9.2.5 所示。

4）垂柳组价：

套用栽植子目 4-2-391，修改主材名称为“垂柳”，修改主材单价为“45”（具体价格以当地工程造价信息价格为准）。

套用养护定额子目 4-2-569，计算并输入养护工程量。

组价完成后如图 9.2.6 所示。

造价分析 | 工程概况 | 取费设置 | 分部分项 | 措施项目 | 其他项目 | 人材机汇总 | 费用汇总

	编码	类别	名称	项目特征	单位	工程量表达式	工程量	单价	合价	综合单价	综合合价
3	050102001003	项	栽植乔木桧柏球	1. 种类：桧柏球 2. 胸径或干径：6cm 3. 株高、冠径：60cm，裸根种植 4. 养护期：一年	株	150	150			176.58	26487
	4-2-391	定	栽植裸根乔木 胸径≤6cm/地径≤8cm		10株	QDL	15	121.28	1819.2	1518.03	22770.45
	3201054003	主	桧柏球		株		152.25	135	20553.75		
	4-2-569	定	常绿乔木养护 胸径≤6cm/干径≤8cm		10株/月	QDL	15	38.31	574.65	45.86	687.9
	4-2-569 *0.7	换	常绿乔木养护 胸径≤6cm/干径≤8cm 单价*0.7		10株/月	QDL*2	30	26.82	804.6	32.09	962.7
	4-2-569 *0.4	换	常绿乔木养护 胸径≤6cm/干径≤8cm 单价*0.4		10株/月	QDL*3	45	15.33	689.85	18.35	825.75
	4-2-569 *0.3	换	常绿乔木养护 胸径≤6cm/干径≤8cm 单价*0.3		10株/月	QDL*6	90	11.51	1035.9	13.77	1239.3

工料机显示 | 单价构成 | 标准换算 | 换算信息 | 安装费用 | 特征及内容 | 组价方案 | 工程量明细 | 反查图形工程量 | 说明信息

	编码	类别	名称	规格及型号	单位	数量	不含税预算价	除税市场价	含税市场价	税率	是否暂估
1	00010003	人	普工		工日	9.96	113	113	113	0	
2	00010005	人	一般技工		工日	21.27	141	141	141	0	
3	00010007	人	高级技工		工日	1.95	169	169	169	0	
4	RGFTZ	人	人工费调整		元	0.45	1	1	1	0	
5	32270010	材	肥料		kg	40.5	4.66	4.66	5.27	13	☐
6	32270055	材	药剂		kg	2.43	50	50	56.5	13	☐
7	34110117	材	水		m3	18.03	3.88	3.88	4	3	☐
8	99370090	机	喷药杀虫车	载重质量1.5t	台班	0.24	362.44	362.44	362.44		
14	JXFTZ	机	机械费调整		元	2.1	1	1	1	0	
15	3201054003	主	桧柏球		株	152.25	135	135	135	0	☐

图 9.2.5 案例二工程量清单组价（桧柏球）

造价分析 | 工程概况 | 取费设置 | 分部分项 | 措施项目 | 其他项目 | 人材机汇总 | 费用汇总

	编码	类别	名称	项目特征	单位	工程量表达式	工程量	单价	合价	综合单价	综合合价
4	050102001004	项	栽植乔木垂柳	1. 种类：垂柳 2. 胸径或干径：4-5cm 3. 株高、冠径：>250cm，裸根种植 4. 养护期：一年	株	399	399			85.23	34006.77
	4-2-391	定	栽植裸根乔木 胸径≤6cm/地径≤8cm		10株	QDL	39.9	121.28	4839.07	604.53	24120.75
	3201054004	主	垂柳		株		404.985	45	18224.33		
	4-2-569	定	常绿乔木养护 胸径≤6cm/干径≤8cm		10株/月	QDL	39.9	38.31	1528.57	45.86	1829.81
	4-2-569 *0.7	换	常绿乔木养护 胸径≤6cm/干径≤8cm 单价*0.7		10株/月	QDL*2	79.8	26.82	2140.24	32.09	2560.78
	4-2-569 *0.4	换	常绿乔木养护 胸径≤6cm/干径≤8cm 单价*0.4		10株/月	QDL*3	119.7	15.33	1835	18.35	2196.5
	4-2-569 *0.3	换	常绿乔木养护 胸径≤6cm/干径≤8cm 单价*0.3		10株/月	QDL*6	239.4	11.51	2755.49	13.77	3296.54

工料机显示 | 单价构成 | 标准换算 | 换算信息 | 安装费用 | 特征及内容 | 组价方案 | 工程量明细 | 反查图形工程量 | 说明信息

	编码	类别	名称	规格及型号	单位	数量	不含税预算价	除税市场价	含税市场价	税率	是否暂估
1	00010003	人	普工		工日	26.494	113	113	113	0	
2	00010005	人	一般技工		工日	56.579	141	141	141	0	
3	00010007	人	高级技工		工日	5.188	169	169	169	0	
4	RGFTZ	人	人工费调整		元	1.197	1	1	1	0	
5	32270010	材	肥料		kg	107.73	4.66	4.66	5.27	13	☐
6	32270055	材	药剂		kg	6.464	50	50	56.5	13	☐
7	34110117	材	水		m3	47.96	3.88	3.88	4	3	☐
8	99370090	机	喷药杀虫车	载重质量1.5t	台班	0.639	362.44	362.44	362.44		
14	JXFTZ	机	机械费调整		元	5.586	1	1	1	0	
15	3201054004	主	垂柳		株	404.985	45	45	45	0	☐

图 9.2.6 案例二工程量清单组价（垂柳）

5）珊瑚柳组价：

套用栽植子目 4-2-391，修改主材名称为“珊瑚柳”，修改主材单价为“60”（具体价格以当地工程造价信息价格为准）。

套用养护定额子目 4-2-569，计算并输入养护工程量。

组价完成后如图 9.2.7 所示。

6）侧柏组价：

套用栽植子目 4-2-391，修改主材名称为“侧柏”，修改主材单价为“72”（具体价格以当地工程造价信息价格为准）。

套用养护定额子目 4-2-569，计算并输入养护工程量。

造价分析　工程概况　取费设置　分部分项　措施项目　其他项目　人材机汇总　费用汇总

	编码	类别	名称	项目特征	单位	工程量表达式	工程量	单价	合价	综合单价	综合合价
5	050102001005	项	栽植乔木珊瑚柳	1. 种类：珊瑚柳 2. 胸径或干径：4-5cm 3. 株高、冠径：≥200cm，裸根种植 4. 养护期：一年	株	166	166			100.45	16674.7
	4-2-391	定	栽植裸根乔木 胸径≤6cm/地径≤8cm		10株	QDL	16.6	121.28	2013.25	756.78	12562.55
	3201054085	主	珊瑚柳		株		168.49	60	10109.4		
	4-2-569	定	常绿乔木养护 胸径≤6cm/干径≤8cm		10株/月	QDL	16.6	38.31	635.95	45.86	761.28
	4-2-569 *0.7	换	常绿乔木养护 胸径≤6cm/干径≤8cm 单价*0.7		10株/月	QDL*2	33.2	26.82	890.42	32.09	1065.39
	4-2-569 *0.4	换	常绿乔木养护 胸径≤6cm/干径≤8cm 单价*0.4		10株/月	QDL*3	49.8	15.33	763.43	18.35	913.83
	4-2-569 *0.3	换	常绿乔木养护 胸径≤6cm/干径≤8cm 单价*0.3		10株/月	QDL*6	99.6	11.51	1146.4	13.77	1371.49

工料机显示　单价构成　标准换算　换算信息　安装费用　特征及内容　组价方案　工程量明细　反查图形工程量　说明信息

	编码	类别	名称	规格及型号	单位	数量	不含税预算价	除税市场价	含税市场价	税率	是否暂估
1	00010003	人	普工		工日	11.022	113	113	113	0	
2	00010005	人	一般技工		工日	23.538	141	141	141	0	
3	00010007	人	高级技工		工日	2.157	169	169	169	0	
4	RGFTZ	人	人工费调整		元	0.498	1	1	1	0	
5	32270010	材	肥料		kg	44.82	4.66	4.66	5.27	13	
6	32270055	材	药剂		kg	2.689	50	50	56.5	13	
7	34110117	材	水		m3	19.963	3.88	3.88	4	3	
8	99370090	机	喷药杀虫车	载重质量1.5t	台班	0.266	362.44	362.44	362.44		
14	JXFTZ	机	机械费调整		元	2.324	1	1	1	0	
15	3201054085	主	珊瑚柳		株	168.49	60	60	60	0	

图 9.2.7　案例二工程量清单组价（珊瑚柳）

组价完成后如图 9.2.8 所示。

造价分析　工程概况　取费设置　分部分项　措施项目　其他项目　人材机汇总　费用汇总

	编码	类别	名称	项目特征	单位	工程量表达式	工程量	单价	合价	综合单价	综合合价
6	050102001006	项	栽植乔木侧柏	1. 种类：侧柏 2. 胸径或干径：4-5cm 3. 株高、冠径：≥200cm，裸根种植 4. 养护期：一年	株	226	226			112.63	25454.38
	4-2-391	定	栽植裸根乔木 胸径≤6cm/地径≤8cm		10株	QDL	22.6	121.28	2740.93	878.58	19855.91
	3201054086	主	侧柏		株		229.39	72	16516.08		
	4-2-569	定	常绿乔木养护 胸径≤6cm/干径≤8cm		10株/月	QDL	22.6	38.31	865.81	45.86	1036.44
	4-2-569 *0.7	换	常绿乔木养护 胸径≤6cm/干径≤8cm 单价*0.7		10株/月	QDL*2	45.2	26.82	1212.26	32.09	1450.47
	4-2-569 *0.4	换	常绿乔木养护 胸径≤6cm/干径≤8cm 单价*0.4		10株/月	QDL*3	67.8	15.33	1039.37	18.35	1244.13
	4-2-569 *0.3	换	常绿乔木养护 胸径≤6cm/干径≤8cm 单价*0.3		10株/月	QDL*6	135.6	11.51	1560.76	13.77	1867.21

工料机显示　单价构成　标准换算　换算信息　安装费用　特征及内容　组价方案　工程量明细　反查图形工程量　说明信息

	编码	类别	名称	规格及型号	单位	数量	不含税预算价	除税市场价	含税市场价	税率	是否暂估
1	00010003	人	普工		工日	15.006	113	113	113	0	
2	00010005	人	一般技工		工日	32.046	141	141	141	0	
3	00010007	人	高级技工		工日	2.937	169	169	169	0	
4	RGFTZ	人	人工费调整		元	0.678	1	1	1	0	
5	32270010	材	肥料		kg	61.02	4.66	4.66	5.27	13	
6	32270055	材	药剂		kg	3.661	50	50	56.5	13	
7	34110117	材	水		m3	27.165	3.88	3.88	4	3	
8	99370090	机	喷药杀虫车	载重质量1.5t	台班	0.362	362.44	362.44	362.44		
14	JXFTZ	机	机械费调整		元	3.164	1	1	1	0	
15	3201054086	主	侧柏		株	229.39	72	72	72	0	

图 9.2.8　案例二工程量清单组价（侧柏）

7）国槐组价：

套用栽植子目 4-2-390，修改主材名称为“国槐”，修改主材单价为“55”（具体价格以当地工程造价信息价格为准）。

套用养护定额子目 4-2-569，计算并输入养护工程量。

组价完成后如图 9.2.9 所示。

造价分析 | 工程概况 | 取费设置 | 分部分项 | 措施项目 | 其他项目 | 人材机汇总 | 费用汇总

	编码	类别	名称	项目特征	单位	工程量表达式	工程量	单价	合价	综合单价	综合合价
7	050102001007	项	栽植乔木国槐	1.种类:国槐 2.胸径或干径:≥4cm,裸根种植 3.养护期:一年	株	100	100			88.8	8880
	4-2-390	定	栽植裸根乔木 胸径≤4cm/地径≤6cm		10株	QDL	10	67.27	672.7	640.25	6402.5
	3201054088	主	国槐		株		101.5	55	5582.5		
	4-2-569	定	常绿乔木养护 胸径≤6cm/干径≤8cm		10株/月	QDL	10	38.31	383.1	45.86	458.6
	4-2-569 *0.7	换	常绿乔木养护 胸径≤6cm/干径≤8cm 单价*0.7		10株/月	QDL*2	20	26.82	536.4	32.09	641.8
	4-2-569 *0.4	换	常绿乔木养护 胸径≤6cm/干径≤8cm 单价*0.4		10株/月	QDL*3	30	15.33	459.9	18.35	550.5
	4-2-569 *0.3	换	常绿乔木养护 胸径≤6cm/干径≤8cm 单价*0.3		10株/月	QDL*6	60	11.51	690.6	13.77	826.2

工料机显示 | 单价构成 | 标准换算 | 换算信息 | 安装费用 | 特征及内容 | 组价方案 | 工程量明细 | 反查图形工程量 | 说明信息

	编码	类别	名称	规格及型号	单位	数量	不含税预算价	除税市场价	含税市场价	税率	是否暂估
1	00010003	人	普工		工日	5.44	113	113	113	0	
2	00010005	人	一般技工		工日	11.38	141	141	141	0	
3	00010007	人	高级技工		工日	1.3	169	169	169	0	
4	RGFTZ	人	人工费调整		元	0.3	1	1	1	0	
5	32270010	材	肥料		kg	27	4.66	4.66	5.27	13	
6	32270055	材	药剂		kg	1.62	50	50	56.5	13	
7	34110117	材	水		m3	9.52	3.88	3.88	4	3	
8	99370090	机	喷药杀虫车	载重质量1.5t	台班	0.16	362.44	362.44	362.44		
14	JXFTZ	机	机械费调整		元	1.4	1	1	1	0	
15	3201054088	主	国槐		株	101.5	55	55	55	0	

图 9.2.9 案例二工程量清单组价（国槐）

8）复叶槭组价：

套用栽植子目 4-2-390，修改主材名称为“复叶槭”，修改主材单价为“126”（具体价格以当地工程造价信息价格为准）。

套用养护定额子目 4-2-579，计算并输入养护工程量。

组价完成后如图 9.2.10 所示。

造价分析 | 工程概况 | 取费设置 | 分部分项 | 措施项目 | 其他项目 | 人材机汇总 | 费用汇总

	编码	类别	名称	项目特征	单位	工程量表达式	工程量	单价	合价	综合单价	综合合价
8	050102001008	项	栽植乔木复叶槭	1.种类:复叶槭 2.胸径或干径:3~4cm,裸根种植 3.养护期:一年	株	293	293			162.94	47741.42
	4-2-390	定	栽植裸根乔木 胸径≤4cm/地径≤6cm		10株	QDL	29.3	67.27	1971.01	1360.9	39874.37
	3201054089	主	复叶槭		株		297.395	126	37471.77		
	4-2-579	定	落叶乔木养护 胸径≤6cm/干径≤8cm		10株/月	QDL	29.3	41.49	1215.66	49.72	1456.8
	4-2-579 *0.7	换	落叶乔木养护 胸径≤6cm/干径≤8cm 单价*0.7		10株/月	QDL*2	58.6	29.05	1702.33	34.82	2040.45
	4-2-579 *0.4	换	落叶乔木养护 胸径≤6cm/干径≤8cm 单价*0.4		10株/月	QDL*3	87.9	16.6	1459.14	19.89	1748.33
	4-2-579 *0.3	换	落叶乔木养护 胸径≤6cm/干径≤8cm 单价*0.3		10株/月	QDL*6	175.8	12.45	2188.71	14.92	2622.94

工料机显示 | 单价构成 | 标准换算 | 换算信息 | 安装费用 | 特征及内容 | 组价方案 | 工程量明细 | 反查图形工程量 | 说明信息

	编码	类别	名称	规格及型号	单位	数量	不含税预算价	除税市场价	含税市场价	税率	是否暂估
1	00010003	人	普工		工日	16.965	113	113	113	0	
2	00010005	人	一般技工		工日	35.19	141	141	141	0	
3	00010007	人	高级技工		工日	4.102	169	169	169	0	
4	RGFTZ	人	人工费调整		元	3.223	1	1	1	0	
5	32270010	材	肥料		kg	73.69	4.66	4.66	5.27	13	
6	32270055	材	药剂		kg	5.216	50	50	56.5	13	
7	34110117	材	水		m3	32.64	3.88	3.88	4	3	
8	CLFTZ	材	材料费调整		元	-0.293	1	1	1	0	
9	99370090	机	喷药杀虫车	载重质量1.5t	台班	0.645	362.44	362.44	362.44		
15	JXFTZ	机	机械费调整		元	-2.344	1	1	1	0	
16	3201054089	主	复叶槭		株	297.395	126	126	126	0	

图 9.2.10 案例二工程量清单组价（复叶槭）

9）刺槐组价：

套用栽植子目 4-2-390，修改主材名称为“刺槐”，修改主材单价为“54”（具体价格以当地工程造价信息价格为准）。

套用养护定额子目 4-2-579，计算并输入养护工程量。

组价完成后如图 9.2.11 所示。

造价分析　工程概况　取费设置　分部分项　措施项目　其他项目　人材机汇总　费用汇总

	编码	类别	名称	项目特征	单位	工程量表达式	工程量	单价	合价	综合单价	综合合价
9	050102001009	项	栽植乔木刺槐	1. 种类: 刺槐 2. 胸径或干径: ≥4cm，裸根种植 3. 养护期: 一年	株	298	298			89.87	26781.26
	4-2-390	定	栽植裸根乔木 胸径≤4cm/地径≤6cm		10株	QDL	29.8	67.27	2004.65	630.1	18776.98
	32010540@10	主	刺槐		株		302.47	54	16333.38		
	4-2-579	定	落叶乔木养护 胸径≤6cm/干径≤8cm		10株/月	QDL	29.8	41.49	1236.4	49.72	1481.66
	4-2-579 *0.7	换	落叶乔木养护 胸径≤6cm/干径≤8cm 单价*0.7		10株/月	QDL*2	59.6	29.05	1731.38	34.82	2075.27
	4-2-579 *0.4	换	落叶乔木养护 胸径≤6cm/干径≤8cm 单价*0.4		10株/月	QDL*3	89.4	16.6	1484.04	19.89	1778.17
	4-2-579 *0.3	换	落叶乔木养护 胸径≤6cm/干径≤8cm 单价*0.3		10株/月	QDL*6	178.8	12.45	2226.06	14.92	2667.7

工料机显示　单价构成　标准换算　换算信息　安装费用　特征及内容　组价方案　工程量明细　反查图形工程量　说明信息

	编码	类别	名称	规格及型号	单位	数量	不含税预算价	除税市场价	含税市场价	税率	是否暂估
1	00010003	人	普工		工日	17.254	113	113	113	0	
2	00010005	人	一般技工		工日	35.79	141	141	141	0	
3	00010007	人	高级技工		工日	4.172	169	169	169	0	
4	RGFTZ	人	人工费调整		元	3.278	1	1	1	0	
5	32270010	材	肥料		kg	74.947	4.66	4.66	5.27	13	☐
6	32270055	材	药剂		kg	5.304	50	50	56.5	13	☐
7	34110117	材	水		m3	33.197	3.88	3.88	4	3	☐
8	CLFTZ	材	材料费调整		元	-0.298	1	1	1	0	
9	99370090	机	喷药杀虫车	载重质量1.5t	台班	0.656	362.44	362.44	362.44		
15	JXFTZ	机	机械费调整		元	-2.384	1	1	1	0	
16	32010540@10	主	刺槐		株	302.47	54	54	54	0	☐

图 9.2.11　案例二工程量清单组价（刺槐）

10）丝棉木组价：

套用栽植子目 4-2-390，修改主材名称为"丝棉木"，修改主材单价为"30"（具体价格以当地工程造价信息价格为准）。

套用养护定额子目 4-2-579，计算并输入养护工程量。

组价完成后如图 9.2.12 所示。

造价分析　工程概况　取费设置　分部分项　措施项目　其他项目　人材机汇总　费用汇总

	编码	类别	名称	项目特征	单位	工程量表达式	工程量	单价	合价	综合单价	综合合价
10	050102001010	项	栽植乔木丝棉木	1. 种类: 丝棉木 2. 胸径或干径: ≥4cm，裸根种植 3. 养护期: 一年	株	125	125			65.51	8188.75
	4-2-390	定	栽植裸根乔木 胸径≤4cm/地径≤6cm		10株	QDL	12.5	67.27	840.88	386.5	4831.25
	32010540@11	主	丝棉木		株		126.875	30	3806.25		
	4-2-579	定	落叶乔木养护 胸径≤6cm/干径≤8cm		10株…	QDL	12.5	41.49	518.63	49.72	621.5
	4-2-579 *0.7	换	落叶乔木养护 胸径≤6cm/干径≤8cm 单价*0.7		10株/月	QDL*2	25	29.05	726.25	34.82	870.5
	4-2-579 *0.4	换	落叶乔木养护 胸径≤6cm/干径≤8cm 单价*0.4		10株/月	QDL*3	37.5	16.6	622.5	19.89	745.88
	4-2-579 *0.3	换	落叶乔木养护 胸径≤6cm/干径≤8cm 单价*0.3		10株/月	QDL*6	75	12.45	933.75	14.92	1119

工料机显示　单价构成　标准换算　换算信息　安装费用　特征及内容　组价方案　工程量明细　反查图形工程量　说明信息

	编码	类别	名称	规格及型号	单位	数量	不含税预算价	除税市场价	含税市场价	税率	是否暂估
1	00010003	人	普工		工日	7.238	113	113	113	0	
2	00010005	人	一般技工		工日	15.013	141	141	141	0	
3	00010007	人	高级技工		工日	1.75	169	169	169	0	
4	RGFTZ	人	人工费调整		元	1.375	1	1	1	0	
5	32270010	材	肥料		kg	31.438	4.66	4.66	5.27	13	☐
6	32270055	材	药剂		kg	2.226	50	50	56.5	13	☐
7	34110117	材	水		m3	13.925	3.88	3.88	4	3	☐
8	CLFTZ	材	材料费调整		元	-0.125	1	1	1	0	
9	99370090	机	喷药杀虫车	载重质量1.5t	台班	0.275	362.44	362.44	362.44		
15	JXFTZ	机	机械费调整		元	-1	1	1	1	0	
16	32010540@11	主	丝棉木		株	126.875	30	30	30	0	☐

图 9.2.12　案例二工程量清单组价（丝棉木）

4. 主材单价确定

主材价格确定方式及其他人材机价格调整方式参照本书第 3 章，此处不再赘述。

5. 其他费用计算

调整工程类别为“绿化三类工程”，各项费率按照三类工程进行取费，如图 9.2.13 所示。

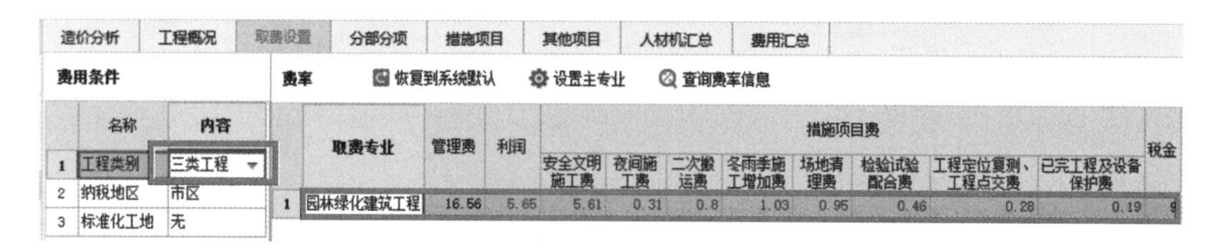

造价分析　工程概况　取费设置　分部分项　措施项目　其他项目　人材机汇总　费用汇总

费用条件

	名称	内容
1	工程类别	三类工程
2	纳税地区	市区
3	标准化工地	无

费率　恢复到系统默认　设置主专业　查询费率信息

	取费专业	管理费	利润	措施项目费								税金
				安全文明施工费	夜间施工费	二次搬运费	冬雨季施工增加费	场地清理费	检验试验配合费	工程定位复测、工程点交费	已完工程及设备保护费	
1	园林绿化建筑工程	16.56	5.65	5.61	0.31	0.8	1.03	0.95	0.46	0.28	0.19	9

图 9.2.13　案例二其他费用计算

查看“费用汇总”，即可查看工程造价，如图 9.2.14 所示。

造价分析　工程概况　取费设置　分部分项　措施项目　其他项目　人材机汇总　费用汇总

	序号	费用代号	名称	计算基数	基数说明	费率(%)	金额	费用类别
1	1	A	分部分项工程项目	FBFXHJ	分部分项合计		294,480.88	分部分项工程费
2	2	B	措施项目	CSXMHJ	措施项目合计		5,767.18	措施项目费
3	2.1	B1	单价措施项目	DJCSF	单价措施项目合计		0.00	单价措施费
4	2.2	B2	总价措施项目	ZJCSF	总价措施项目合计		5,767.18	总价措施费
5	2.2.1	B21	其中：安全文明措施费	AQWMCSF	安全文明措施费		3,359.70	
6	3	C	其他项目	QTXMHJ	其他项目合计		0.00	其他项目费
7	3.1	C1	暂列金额	ZLJE	暂列金额		0.00	暂列金额
8	3.2	C2	专业工程暂估价	ZYGCZGJ	专业工程暂估价		0.00	专业工程暂估价
9	3.3	C3	计日工	JRG	计日工		0.00	计日工
10	3.4	C4	总承包服务费	ZCBFWF	总承包服务费		0.00	总承包服务费
11	3.5	C5	索赔与现场签证	SPYXCQZ	索赔与现场签证		0.00	索赔与现场签证
12	4	D	税金	A+B+C	分部分项工程项目+措施项目+其他项目	9	27,022.33	税金
13	5	E	工程造价	A+B+C+D	分部分项工程项目+措施项目+其他项目+税金		327,270.39	工程造价

图 9.2.14　案例二费用汇总

第 10 章　园林景观工程造价文件编制案例分析

某住宅小区景观工程量计算及计价：

【案例介绍】

本案例为某高档住宅小区 11 号楼的园林绿化景观工程，为三类工程。本案例需要完成园路铺装、汀步、透水混凝土路面的工程量计算，并完成此部分工程造价文件编制。

【案例分析】

本案例涉及人行铺装采用仿火烧面芝麻灰陶瓷砖，区分 600mm × 300mm × 15mm、600mm × 200mm × 15mm 等不同规格，汀步为 600mm × 300mm × 30mm 的火烧面芝麻灰，透水混凝土路面为混凝土透层、现浇彩色混凝土跑道。实际工程中进行清单编制时需明确影响组价的特征，组价时要结合项目特征进行子目套取，并结合具体规格考虑是否进行换算、是否需要进行子目借用，以保证最终造价符合招标文件清单编制及计价要求。同时，还需要考虑主材价格调整及综合取费情况，完成工程造价文件的编制。本案例 11 号楼景观平面图如图 10.1.1 所示。

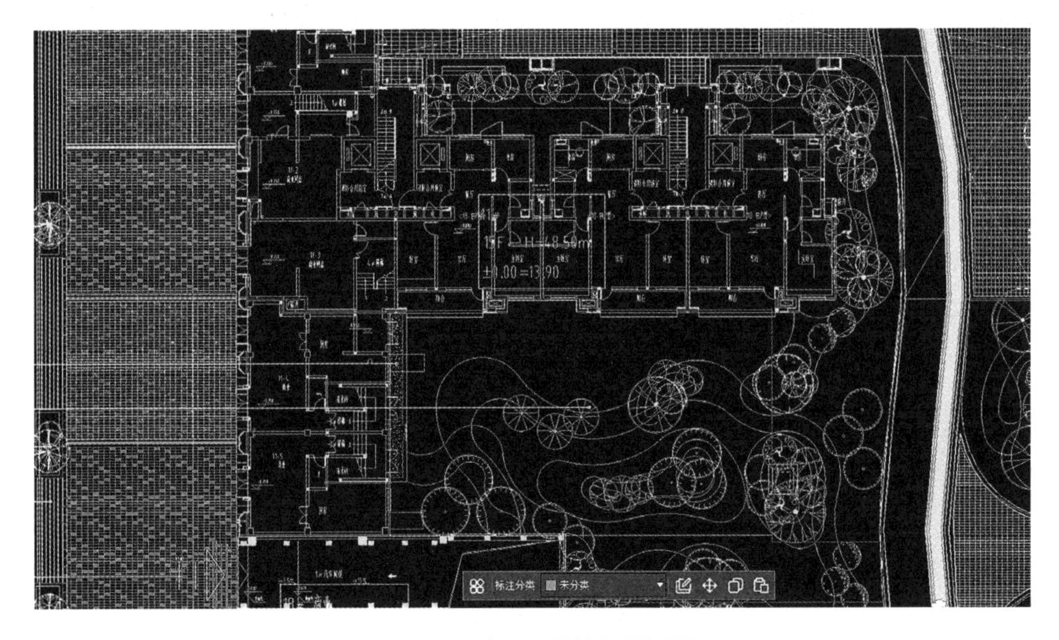

图 10.1.1　小区 11 号楼景观平面图

【案例详解】

1. 识图

平面图中一般会给出具体的铺贴材质及位置（图 10.1.2），直接对应即可。具体铺装样式可在铺装类型详图中查看，如图 10.1.3 所示。

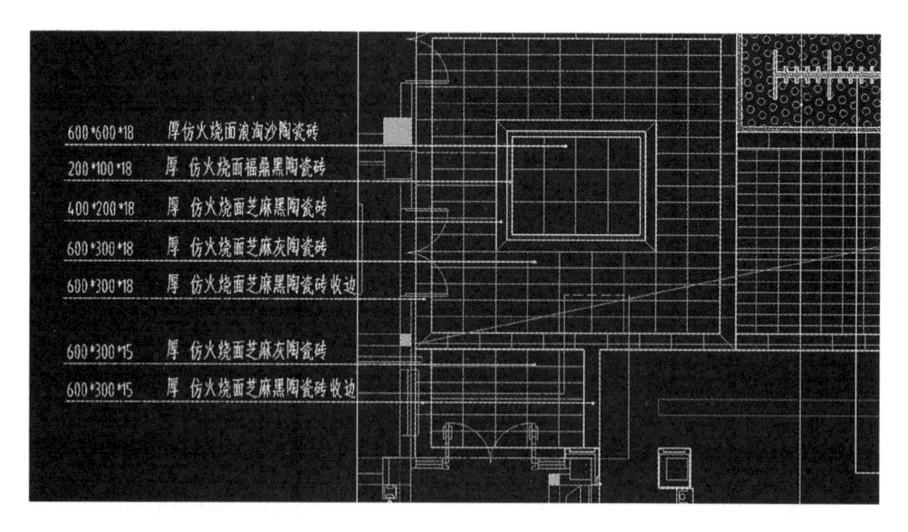

图 10.1.2　景观平面布置图详图

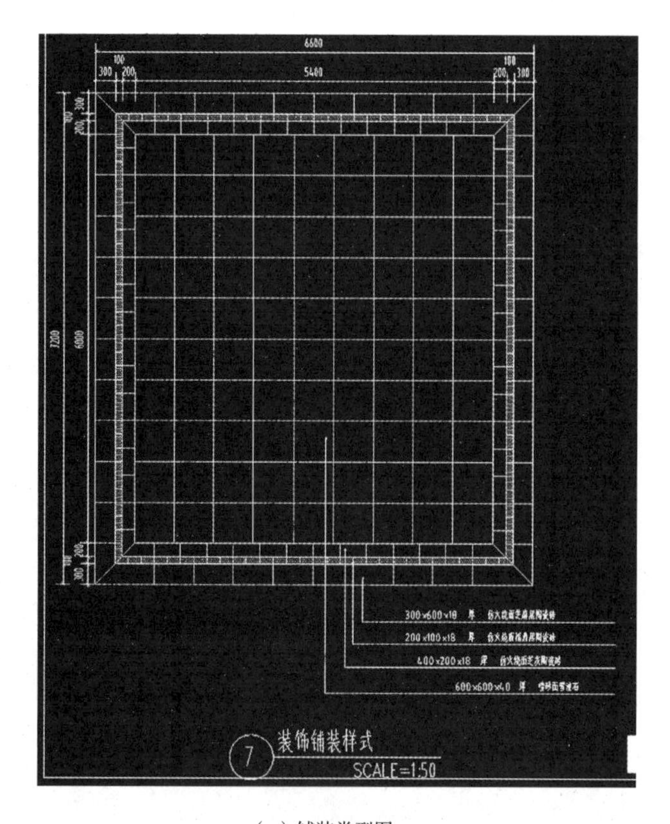

（a）铺装类型图一

图 10.1.3　铺装类型图

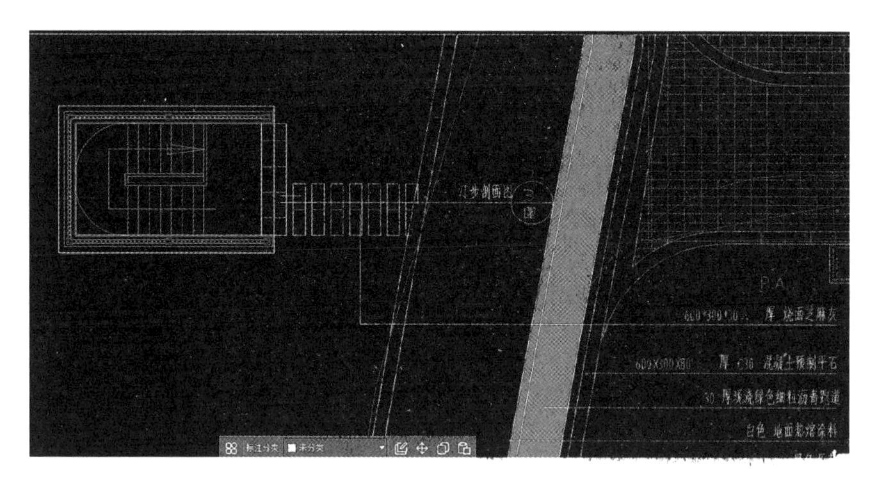

（b）铺装类型图二

图 10.1.3　铺装类型图（续）

2. 工程量清单编制

（1）套用清单项目并完善项目特征

1）人行铺装清单编制

套用 050201001 园路清单项目，按照实际情况修改项目名称，完善项目特征，如图 10.1.4 所示。

取费设置　分部分项　措施项目　其他项目　人材机汇总　费用汇总

	编码	类别	名称	项目特征	单位	工程量表达式	工程量
B1	−		人行铺装				
1	+ 050201001001	项	仿火烧面芝麻灰陶瓷砖600*300*15	1. 垫层厚度、宽度、材料种类：素土夯实，压实系数>93%；200mm厚级配砂石；100mm厚C15混凝土垫层，含地面变形缝； 2. 路面厚度、宽度、材料种类：仿火烧面芝麻灰陶瓷砖、600*300*15mm； 3. 砂浆强度等级：30mm厚1∶3水泥砂浆 4. 详见图第L650；	m2	9.83	9.83
2	+ 050201001002	项	仿火烧面芝麻黑陶瓷砖600*300*15	1. 垫层厚度、宽度、材料种类：素土夯实，压实系数>93%；200mm厚级配砂石；100mm厚C15混凝土垫层，含地面变形缝； 2. 路面厚度、宽度、材料种类：仿火烧面芝麻灰陶瓷砖、600*300*15mm收边； 3. 砂浆强度等级：30mm厚1∶3水泥砂浆 4. 详见图第L650；	m2	2.75	2.75
3	+ 050201001003	项	面包砖 中灰色 400x200x50	1. 垫层厚度、宽度、材料种类：素土夯实，压实系数>93%；200mm厚级配砂石；100mm厚C15混凝土垫层，含地面变形缝； 2. 路面厚度、宽度、材料种类：面包砖 中灰色 400x200x50 3. 砂浆强度等级：30mm厚1∶3水泥砂浆； 4. 详见图第L650；	m2	67.68	67.68
4	+ 050201001004	项	仿火烧面芝麻黑陶瓷砖600*200*15	1. 垫层厚度、宽度、材料种类：素土夯实，压实系数>93%；200mm厚级配砂石；100mm厚C15混凝土垫层，含地面变形缝； 2. 路面厚度、宽度、材料种类：仿火烧面芝麻灰陶瓷砖、600*200*15mm收边； 3. 砂浆强度等级：30mm厚1∶3水泥砂浆 4. 详见图第L650；	m2	23.41	23.41

图 10.1.4　案例工程量清单编制（人行铺装）

2）汀步清单编制

套用 050201013 石林汀步清单项目，按照实际情况修改项目名称，完善项目特征，如图 10.1.5 所示。

取费设置　分部分项　措施项目　其他项目　人材机汇总　费用汇总

	编码	类别	名称	项目特征	单位	工程量表达式	工程量
B1	−		汀步详图L702				
1	+ 050201013001	项	石材汀步	1. 垫层厚度、宽度、材料种类：素土夯实，压实系数>94%；70mm厚级配砂石； 2. 路面厚度、宽度、材料种类：火烧面芝麻灰600*300*30mm； 3. 砂浆强度等级：30mm厚1∶3水泥砂浆 4. 详见图第L702。	m²	25.52	25.52

图 10.1.5　案例工程量清单编制（汀步）

3）透水混凝土路面清单编制

套用 050201001 园路清单项目，按照实际情况修改项目名称，完善项目特征，如图 10.1.6 所示。

取费设置 | 分部分项 | 措施项目 | 其他项目 | 人材机汇总 | 费用汇总

	编码	类别	名称	项目特征	单位	工程量表达式	工程量
B1	−		透水砼路面				
1	+ 050201001005	项	彩色透水混凝土路面	1.垫层厚度、宽度、材料种类:素土夯实,压实系数≥94%；300mm厚级配砂石30mm厚砂滤层；190mm厚C25彩色透水混凝土，含地面变形缝； 2.路面厚度、宽度、材料种类:混凝土透层、30mm厚6mm粒径 C25现浇彩色混凝土跑道，白色、蓝色热熔图案及分割线； 3、100*L*3厚镀锌钢板收边，灰色氟碳漆饰面详见图L704-1，详见图第L650。	m2	295.62-30.94	264.68

图 10.1.6 案例工程量清单编制（透水混凝土路面）

（2）计算工程量

按照本书第 6 章园路园桥工程计算规则，面层按设计图示尺寸以面积计算。园路如有坡度，工程量以斜面积计算。园路面积应扣除面积大于 0.5m² 的树池、花池、照壁、底座所占面积。坡道园路带踏步者，其踏步部分应扣除并另按台阶相应定额项目计算。另外，石材汀步按设计图示尺寸以体积计算。结合工程图纸平面布置区域、相关尺寸计算其相应工程量。

3. 工程量清单组价

1）人行铺装组价——仿火烧面芝麻灰陶瓷砖组价

①套用子目 4-3-9 砂石垫层 天然级配，本案例结合当地市场价格修改工料机“天然砂夹石”价格为 72.82 元，如图 10.1.7 所示（实际工程中具体价格以当地工程造价信息价格为准，后续不再赘述）。

取费设置 | 分部分项 | 措施项目 | 其他项目 | 人材机汇总 | 费用汇总

	编码	类别	名称	项目特征	单位	工程量表达式	工程量	单价	合价	综合单价	综合合价
2	− 050201001002	项	仿火烧面芝麻黑陶瓷砖 600*300*15	1.垫层厚度、宽度、材料种类:素土夯实,压实系数>93%；200mm厚级配砂石；100mm厚C15混凝土垫层,含地面变形缝； 2.路面厚度、宽度、材料种类:仿火烧面芝麻灰陶瓷砖、600*300*15mm收边； 3.砂浆强度等级:30mm厚1:3水泥砂浆 4.详见图第L650；	m2	2.75	2.75			311.11	855.55
	4-3-9	定	砂石垫层 天然级配		10m3	QDL*0.2	0.055	1505.56	82.81	1639.83	90.19

工料机显示 | 单价构成 | 标准换算 | 换算信息 | 安装费用 | 特征及内容 | 组价方案 | 工程量明细 | 反查图形工程量 | 说明信息

	编码	类别	名称	规格及型号	单位	损耗率	含量	数量	不含税预算价	除税市场价	含税市场价	税率	是否暂估	锁定数量	是否计价	原始含量
1	00010003	人	普工		工日		2.357	0.13	113	113	113	0		☐	☑	2.357
2	00010005	人	一般技工		工日		2.357	0.13	141	141	141	0		☐	☑	2.357
3	04030…	材	天然砂夹石	5~80mm	m3		12.24	0.673	66.82	**72.82**	75	3	☐	☐	☑	12.24
4	34110117	材	水		m3		2.5	0.138	3.88	3.88	4	3	☐	☐	☑	2.5
5	+ 99130440	机	电动夯实机	夯击能量(…	台班		0.24	0.013	24.42	24.42	24.42			☐	☑	0.24

图 10.1.7 仿火烧面芝麻灰陶瓷砖清单组价（一）

②套用子目 4-3-19 混凝土垫层，本案例结合当地市场价格修改工料机“预拌混凝土”价格为 346 元，修改“电”价格为 0.48 元，如图 10.1.8 所示。

取费设置 | 分部分项 | 措施项目 | 其他项目 | 人材机汇总 | 费用汇总

	编码	类别	名称	项目特征	单位	工程量表达式	工程量	单价	合价	综合单价	综合合价
2	⊟ 050201001002	项	仿火烧面芝麻黑陶瓷砖 600*300*15	1. 垫层厚度、宽度、材料种类：素土夯实，压实系数>93%；200mm厚级配砂石；100mm厚C15混凝土垫层，含地面变形缝； 2. 路面厚度、宽度、材料种类：仿火烧面芝麻灰陶瓷砖、600*300*15mm收边； 3. 砂浆强度等级：30mm厚1:3水泥砂浆 4. 详见图第L650；	m2	2.75	2.75			311.11	855.55
	4-3-9	定	砂石垫层 天然级配		10m3	QDL*0.2	0.055	1505.56	82.81	1639.83	90.19
	4-3-19	定	混凝土垫层		10m3	QDL*0.1	0.0275	4058.24	111.6	4167.92	114.62

工料机显示 | 单价构成 | 标准换算 | 换算信息 | 安装费用 | 特征及内容 | 组价方案 | 工程量明细 | 反查图形工程量 | 说明信息

	编码	类别	名称	规格及型号	单位	损耗率	含量	数量	不含税预算价	除税市场价	含税市场价	税率	是否暂估	锁定数量	是否计价	原始含量
1	00010003	人	普工		工日		1.944	0.053	113	113	113	0		☐	☑	1.944
2	00010005	人	一般技工		工日		1.944	0.053	141	141	141	0		☐	☑	1.944
3	80212…	商砼	预拌混凝土	C15	m3		10.2	0.281	320	**346**	356.38	3	☐	☐	☑	10.2
4	02090115@1	材	塑料薄膜		m2		47.78	1.314	0.1	0.1	0.11	13	☐	☐	☑	47.78
5	34110117	材	水		m3		5	0.138	3.88	3.88	4	3	☐	☐	☑	5
6	34110103	材	电		kW·h		23.1	0.635	0.6	**0.48**	0.54	13	☐	☐	☑	23.1

图 10.1.8　仿火烧面芝麻灰陶瓷砖清单组价（二）

③套用子目 4-3-27 石质块料面层 板厚度≤ 50mm 浆铺（不勾缝），修改材料名称为“仿火烧面芝麻灰陶瓷砖 600mm × 300mm × 15mm”，其单价结合当地市场价格修改为 180 元，修改“电”价格为 0.48 元，如图 10.1.9 所示。

取费设置 | 分部分项 | 措施项目 | 其他项目 | 人材机汇总 | 费用汇总

	编码	类别	名称	项目特征	单位	工程量表达式	工程量	单价	合价	综合单价	综合合价
2	⊟ 050201001002	项	仿火烧面芝麻黑陶瓷砖 600*300*15	1. 垫层厚度、宽度、材料种类：素土夯实，压实系数>93%；200mm厚级配砂石；100mm厚C15混凝土垫层，含地面变形缝； 2. 路面厚度、宽度、材料种类：仿火烧面芝麻灰陶瓷砖、600*300*15mm收边； 3. 砂浆强度等级：30mm厚1:3水泥砂浆 4. 详见图第L650；	m2	2.75	2.75			311.11	855.55
	4-3-9	定	砂石垫层 天然级配		10m3	QDL*0.2	0.055	1505.56	82.81	1639.83	90.19
	4-3-19	定	混凝土垫层		10m3	QDL*0.1	0.0275	4058.24	111.6	4167.92	114.62
	4-3-27	定	石质块料面层 板厚度≤50mm 浆铺(不勾缝)		100m2	QDL	0.0275	22750.03	625.63	23663.93	650.76

工料机显示 | 单价构成 | 标准换算 | 换算信息 | 安装费用 | 特征及内容 | 组价方案 | 工程量明细 | 反查图形工程量 | 说明信息

	编码	类别	名称	规格及型号	单位	损耗率	含量	数量	不含税预算价	除税市场价	含税市场价	税率	是否暂估	锁定数量	是否计价	原始含量
1	00010003	人	普工		工日		7.148	0.197	113	113	113	0		☐	☑	7.148
2	00010005	人	一般技工		工日		10.722	0.295	141	141	141	0		☐	☑	10.722
3	00010007	人	高级技工		工日		5.957	0.164	169	169	169	0		☐	☑	5.957
4	08000…	材	仿火烧面芝麻黑陶瓷…		m2		102	2.805	130	**180**	203.4	13	☐	☐	☑	102
5	80010660	商浆	预拌水泥砂浆		m3		2.04	0.056	449	449	507.37	13	☐	☐	☑	2.04
6	03131410	材	石料切割锯片		片		0.615	0.017	31.56	31.56	35.66	13	☐	☐	☑	0.615
7	02270180	材	棉纱头		kg		1	0.028	8.34	8.34	9.42	13	☐	☐	☑	1
8	34090122	材	锯木屑		m3		0.6	0.017	26.29	26.29	29.71	13	☐	☐	☑	0.6
9	34110117	材	水		m3		2.912	0.08	3.88	3.88	4	3	☐	☐	☑	2.912
10	34110103	材	电		kW·h		11.07	0.304	0.6	**0.48**	0.54	13	☐	☐	☑	11.07
11	⊞ 99050280	机	干混砂浆罐式搅拌机	公称储量(…	台班		0.34	0.009	257.86	257.86	257.86			☐	☑	0.34

图 10.1.9　仿火烧面芝麻灰陶瓷砖清单组价（三）

2）人行铺装组价——面包砖组价

套用子目 4-3-9 砂石垫层天然级配及子目 4-3-19 混凝土垫层，套用之后的调整内容与上述仿火烧面芝麻灰陶瓷砖组价一致，此处不再赘述。需要注意的是，面包砖组价需要进行定额借用，套取市政专业子目 3-2-4-5 人行道块料铺设 道砖铺设 50 块 /m^2，修改主材名称为“中灰色 400mm × 200mm × 50mm”修改主材单价为“65 元”，如图 10.1.10 所示。

取费设置　分部分项　措施项目　其他项目　人材机汇总　费用汇总

	编码	类别	名称	项目特征	单位	工程量表达式	工程量	单价	合价	综合单价	综合合价
3	050201001003	项	面包砖 中灰色 400x200x50	1.垫层厚度、宽度、材料种类:素土夯实,压实系数>93%;200mm厚级配砂石;100mm厚C15混凝土垫层,含地面变形缝; 2.路面厚度、宽度、材料种类:面包砖 中灰色 400x200x50 3.砂浆强度等级:30mm厚1:3水泥砂浆; 4.详见图第L650;	m2	67.68	67.68			180.3	12202.7
	4-3-9	定	砂石垫层 天然级配		10m3	QDL*0.2	1.3536	1505.56	2037.93	1639.83	2219.67
	4-3-19	定	混凝土垫层		10m3	QDL*0.1	0.6768	4058.24	2746.62	4167.92	2820.85
	3-2-4-5	借	人行道块料铺设 道砖铺设 50块/m2		100m2	QDL	0.6768	3382.84	2289.51	10583.01	7162.58
	36050025_B···	主	中灰色 400x200x50		m2		69.034	65	4487.21		

工料机显示　单价构成　标准换算　换算信息　安装费用　特征及内容　组价方案　工程量明细　反查图形工程量　说明信息

	编码	类别	名称	规格及型号	单位	损耗率	含量	数量	不含税预算价	除税市场价	含税市场价	税率	是否暂估	锁定数量	是否计价	原始含量
1	36050025_BC@2	主	中灰色 400x200x50	200*100*6···	m2	0	102	69.034	65	65	65	0				102
2	00010003	人	普工		工日		7.007	4.742	113	113	113	0				7.007
3	00010005	人	一般技工		工日		9.289	6.287	141	141	141	0				9.289
4	8001···	商浆	干混砌筑水泥砂浆	DM5.0	m3		3.06	2.071	407.42	407.42	460.28					3.06
7	34000010	材	其他材料费		元		6.234	4.219	1	1	1	0				6.234
8	99050280	机	干混砂浆罐式搅拌机	公称储量(···	台班		0.11	0.074	257.86	257.86	257.86					0.11

图 10.1.10　面包砖清单组价

3）汀步组价

①套用子目 4-3-9 砂石垫层 天然级配，本案例结合当地市场价格修改工料机“天然砂夹石”价格为 72.82 元，如图 10.1.7 所示。

②套用子目 4-3-57 其他材料面层 料石汀步，本案例结合当地市场价格修改工料机“汀步料石”价格为 6300 元，如图 10.1.11 所示。

取费设置　分部分项　措施项目　其他项目　人材机汇总　费用汇总

	编码	类别	名称	项目特征	单位	工程量表达式	工程量	单价	合价	综合单价	综合合价
B1			汀步								5364.56
1	050201013001	项	石材汀步	1.垫层厚度、宽度、材料种类:素土夯实,压实系数>94%;70mm厚级配砂石; 2.路面厚度、宽度、材料种类:火烧面芝麻灰600*300*30mm; 3.砂浆强度等级:30mm厚1:3水泥砂浆 4.详见图第L702。	m²	25.52	25.52			210.21	5364.56
	4-3-9	定	砂石垫层 天然级配		10m3	QDL*0.07	0.1786	1505.56	268.89	1667.39	297.8
	4-3-57	定	其他材料面层 料石汀步		10m3	QDL*0.03	0.0766	65691.25	5031.95	66146.64	5066.83

工料机显示　单价构成　标准换算　换算信息　安装费用　特征及内容　组价方案　工程量明细　反查图形工程量　说明信息

	编码	类别	名称	规格及型号	单位	损耗率	含量	数量	不含税预算价	除税市场价	含税市场价	税率	是否暂估	锁定数量	是否计价	原始含量
1	00010003	人	普工		工日		3.582	0.274	113	113	113	0				3.582
2	00010005	人	一般技工		工日		5.373	0.412	141	141	141	0				5.373
3	00010007	人	高级技工		工日		2.985	0.229	169	169	169	0				2.985
4	08170···	材	汀步料石		m3		10.1	0.774	91	6300	7119	13				10.1
5	80010660	商浆	预拌水泥砂浆		m3		0.8	0.061	449	449	507.37	13				0.8
6	34110117	材	水		m3		0.24	0.018	3.88	3.88	4	3				0.24
7	99050280	机	干混砂浆罐式搅拌机	公称储量(···	台班		0.133	0.01	257.86	257.86	257.86					0.133

图 10.1.11　汀步组价

4）透水混凝土路面组价

①套用子目 4-3-9 砂石垫层 天然级配，本案例结合当地市场价格修改工料机“天然砂夹石”价格为 72.82 元，如图 10.1. 7 所示。

②套用子目 4-3-65 透水混凝土面层 厚 50mm，本案例结合当地市场价格修改工料机“土工布”价格为 5.87 元，修改“电”价格为 0.48 元，修改“普通硅酸盐水泥”价格为 0.3 元。由于定额默认厚度为 50mm，但实际厚度为 190mm，所以需要进行厚度换算，套取增减子

目 4-3-66 透水混凝土面层 每增减 10mm，如果当地定额规则允许，也可以结合实际情况进行工料机含量的调整，如图 10.1.12 所示。

取费设置　分部分项　措施项目　其他项目　人材机汇总　费用汇总

	编码	类别	名称	项目特征	单位	工程量表达式	工程量	单价	合价	综合单价	综合合价
B1	⊟		透水砼路面								56345.08
1	⊟ 050201001005	项	彩色透水混凝土路面	1.垫层厚度、宽度、材料种类:素土夯实,…	m2	295.62-30.94	264.68			212.88	56345.08
	4-3-9	定	砂石垫层 天然级配		10m3	QDL*0.3	7.9404	1505.56	11954.75	1667.39	13239.74
	4-3-65 + 4-3-66 * 14	换	透水混凝土面层 厚50mm 实际厚度(mm):190		100m2	QDL	2.6468	9888.68	26173.36	10898.3	28845.62

工料机显示　单价构成　标准换算　换算信息　安装费用　特征及内容　组价方案　工程量明细　反查图形工程量　说明信息

	编码	类别	名称	规格及型号	单位	损耗率	含量	数量	不含税预算价	除税市场价	含税市场价	税率	是否暂估	锁定数量	是否计价	原始含量
1	00010003	人	普工		工日		7.002	18.533	113	113	113	0		□	☑	3.292
2	00010005	人	一般技工		工日		10.496	27.781	141	141	141	0		□	☑	4.938
3	00010007	人	高级技工		工日		5.837	15.449	169	169	169	0		□	☑	2.743
4	04050011	材	碎石	5~10mm	kg		36,8…	97545.485	0.06	0.06	0.06	3	□	□	☑	9698.32
5	14350367	材	增强剂(LDA)		kg		153.…	406.21	1.45	1.45	1.64	13	□	□	☑	17.84
6	14410343	材	PG道路嵌缝胶		kg		9.76	25.833	9.24	9.24	10.44	13	□	□	☑	9.76
7	14350369	材	氟碳保护剂		kg		30	79.404	21.37	21.37	24.15	13	□	□	☑	30
8	02090115	材	塑料薄膜		m2		115	304.382	5.3	5.3	5.99	13	□	□	☑	115
9	02270140	材	土工布		m2		20	52.936	6.38	5.87	6.63	13	□	□	☑	20
10	34090133	材	泡沫条	φ18	m		30.6	80.992	1.38	1.38	1.56	13	□	□	☑	30.6
11	03131410	材	石料切割锯片		片		0.05	0.132	31.56	31.56	35.66	13	□	□	☑	0.05
12	34110117	材	水		m3		5.71	15.113	3.88	3.88	4	3	□	□	☑	4.45
13	34110103@1	材	电		kW·h		2.248	5.95	0.6	0.48	0.54	13	□	□	☑	0.4
14	04010…	材	普通硅酸盐水泥	P.O 42.5	kg		7,19…	19042.085	0.36	0.3	0.34	13	□	□	☑	1921
15	⊞ 99070680	机	机动翻斗车	装载质量(…	台班		1.537	4.068	215.73	215.73	215.73			□	☑	0.403
22	⊞ 99130620	机	混凝土切缝机	功率(kW)…	台班		0.375	0.993	26.71	26.71	26.71			□	☑	0.375
28	⊞ 99050140	机	双锥反转出料混凝土…	出料容量(…	台班		0.629	1.665	273.73	273.73	273.73			□	☑	0.167
35	RGFTZ	人	人工费调整		元		-0.02	-0.053	1	1	1	0		□	☑	-0.01
36	CLFTZ	材	材料费调整		元		-0.04	-0.106	1	1	1	0		□	☑	-0.04
37	JXFTZ	机	机械费调整		元		0.04	0.106	1	1	1	0		□	☑	0.04

图 10.1.12　透水混凝土路面组价（一）

③套用子目 4-3-67 透水彩色混凝土面层 厚 30mm，本案例结合当地市场价格修改工料机“土工布”价格为 5.87 元，修改“电”价格为 0.48 元，修改“普通硅酸盐水泥”价格为 0.3，如图 10.1.13 所示。

取费设置　分部分项　措施项目　其他项目　人材机汇总　费用汇总

	编码	类别	名称	项目特征	单位	工程量表达式	工程量	单价	合价	综合单价	综合合价
1	⊟ 050201001005	项	彩色透水混凝土路面	1.垫层厚度、宽度、材料种类:素土夯实,…	m2	295.62-30.94	264.68			212.88	56345.08
	4-3-9	定	砂石垫层 天然级配		10m3	QDL*0.3	7.9404	1505.56	11954.75	1667.39	13239.74
	4-3-65 + 4-3-66 * 14	换	透水混凝土面层 厚50mm 实际厚度(mm):190		100m2	QDL	2.6468	9888.68	26173.36	10898.3	28845.62
	4-3-67	定	透水彩色混凝土面层 厚30mm		100m2	QDL	2.6468	4781.97	12656.92	5386.88	14257.99

工料机显示　单价构成　标准换算　换算信息　安装费用　特征及内容　组价方案　工程量明细　反查图形工程量　说明信息

	编码	类别	名称	规格及型号	单位	损耗率	含量	数量	不含税预算价	除税市场价	含税市场价	税率	是否暂估	锁定数量	是否计价	原始含量
1	00010003	人	普工		工日		4.651	12.31	113	113	113	0		□	☑	4.651
2	00010005	人	一般技工		工日		6.976	18.464	141	141	141	0		□	☑	6.976
3	00010007	人	高级技工		工日		3.876	10.259	169	169	169	0		□	☑	3.876
4	04050011	材	碎石	5~10mm	kg		5,819	15401.729	0.06	0.06	0.06	3	□	□	☑	5819
5	14350367	材	增强剂(LDA)		kg		29.06	76.916	1.45	1.45	1.64	13	□	□	☑	29.06
6	14410343	材	PG道路嵌缝胶		kg		9.76	25.833	9.24	9.24	10.44	13	□	□	☑	9.76
7	14350369	材	氟碳保护剂		kg		30	79.404	21.37	21.37	24.15	13	□	□	☑	30
8	02090115	材	塑料薄膜		m2		115	304.382	5.3	5.3	5.99	13	□	□	☑	115
9	02270140	材	土工布		m2		20	52.936	6.38	5.87	6.63	13	□	□	☑	20
10	34090133	材	泡沫条	φ18	m		30	79.404	1.38	1.38	1.56	13	□	□	☑	30
11	03131410	材	石料切割锯片		片		0.05	0.132	31.56	31.56	35.66	13	□	□	☑	0.05
12	14230176	材	无机颜料		kg		34.578	91.521	7.73	7.73	8.73	13	□	□	☑	34.578
13	34110117	材	水		m3		4.27	11.302	3.88	3.88	4	3	□	□	☑	4.27
14	34110…	材	电		kW·h		0.4	1.059	0.6	0.48	0.54	13	□	□	☑	0.4
15	04010003	材	普通硅酸盐水泥	P.O 42.5	kg		1,152.6	3050.702	0.35	0.3	0.34	13	□	□	☑	1152.6
16	⊞ 99070680	机	机动翻斗车	装载质量(…	台班		0.24	0.635	215.73	215.73	215.73			□	☑	0.24
23	⊞ 99130620	机	混凝土切缝机	功率(kW)…	台班		0.375	0.993	26.71	26.71	26.71			□	☑	0.375
29	⊞ 99050140	机	双锥反转出料混凝土…	出料容量(…	台班		0.1	0.265	273.73	273.73	273.73			□	☑	0.1
36	⊞ 99430160	机	电动空气压缩机	排气量(m3…	台班		0.03	0.079	210.59	210.59	210.59			□	☑	0.03

图 10.1.13　透水混凝土路面组价（二）

4. 主材单价确定

主材价格确定方式及其他人材机价格调整方式参照本书第 3 章，此处不再赘述。

5. 其他费用计算

调整工程类别为“三类工程”，则各项费率按照三类工程进行取费，如图 10.1.14 所示。

造价分析　工程概况　取费设置　分部分项　措施项目　其他项目　人材机汇总　费用汇总

费用条件

	名称	内容
1	工程类别	三类工程
2	纳税地区	市区
3	标准化工地	无

费率　恢复到系统默认　设置主专业　查询费率信息　※ 费率为空表示按照费率100%计取

	取费专业	管理费	利润	措施项目费							
				安全文明施工费	夜间施工费	二次搬运费	冬雨季施工增加费	场地清理费	检验试验配合费	工程定位复测、工程点交费	已完工程及设备保护费
1	一般建筑工程	19.63	7.14	11.66	0.37	0.98	1.25	1.14	0.49	0.35	0.2
2	园林绿化建筑工程	16.56	5.65	6.61	0.31	0.8	1.03	0.96	0.46	0.28	0.1

图 10.1.14　案例其他费用计算

查看“费用汇总”，即可查看工程造价，如图 10.1.15 所示。

造价分析　工程概况　取费设置　分部分项　措施项目　其他项目　人材机汇总　费用汇总　费用汇总文件：

	序号	费用代号	名称	计算基数	基数说明	费率(%)	金额	费用类别	备注
1	1	A	分部分项工程项目	FBFXHJ	分部分项合计		85,109.19	分部分项工程费	
2	2	B	措施项目	CSXMHJ	措施项目合计		2,449.60	措施项目费	
3	2.1	B1	单价措施项目	DJCSF	单价措施项目合计		0.00	单价措施费	
4	2.2	B2	总价措施项目	ZJCSF	总价措施项目合计		2,449.60	总价措施费	
5	2.2.1	B21	其中：安全文明措施费	AQWMCSF	安全文明措施费		1,427.03		
6	3	C	其他项目	QTXMHJ	其他项目合计		0.00	其他项目费	
7	3.1	C1	暂列金额	ZLJE	暂列金额		0.00	暂列金额	
8	3.2	C2	专业工程暂估价	ZYGCZGJ	专业工程暂估价		0.00	专业工程暂估价	
9	3.3	C3	计日工	JRG	计日工		0.00	计日工	
10	3.4	C4	总承包服务费	ZCBFWF	总承包服务费		0.00	总承包服务费	
11	3.5	C5	索赔与现场签证	SPYXCQZ	索赔与现场签证		0.00	索赔与现场签证	
12	4	D	税金	A+B+C	分部分项工程项目+措施项目+其他项目	9	7,880.29	税金	
13	5	E	工程造价	A+B+C+D	分部分项工程项目+措施项目+其他项目+税金		95,439.08	工程造价	

图 10.1.15　案例费用汇总

附录篇

本篇为附录篇。本篇结合编者多年实际工作经验整理了园林工程造价文件编制过程中的疑难点及易错点，并从专业角度给出可供参考的解释，解决初学者在实际工作过程中的疑问和困惑，快速成长为园林工程造价文件编制专业人员。

附录1　绿化工程造价实战问题集

1. 清除地被植物和整理绿化用地一样吗？

答：首先明确二者是不同的。清除地被植物定额子目工作内容主要包含铲除、清除厚度≤ 100mm 泥土的根、蔸，集中堆放、装车外运、清理现场等原有绿化用地的地被植物（其中定额子目分运距在 1km 以内和运距每增加 1km 两个子目）；而整理绿化用地定额工作内容主要包含就地挖、填厚度≤ 30cm 土层，耙细，平整 、找平，清理、清理石子杂物，集中堆放，清理现场，排地表水等。

两个施工工序的工作内容属于园林绿化施工的不同阶段。定额的工作内容、基价也不相同。在实际工作中部分造价人员认为二者是相同的，只能二者选其一，这种做法和认识是错误的。

2. 如果种植灌木超过 300mm 是否需要增加回填土方？如灌木种植 450mm 深是否需要增加 150mm 的回填土？

答：不增加。绿化定额已综合考虑增加深度的土方量，不需要再增加。但如果是人工单独种植乔灌木，则需要按照定额中的人工换填土子目结合图纸设计要求计算人工换填土，具体应以当地定额计算规则说明为准。

3. 种植土回填工程量计算时是否需要扣除乔木、灌木及盆土体积？

答：不扣除。绿化定额中已经综合考虑了实际种植土含量因素。

4. 沙漠栽植沙柳网格应该套用哪个定额子目？

答：可以参考园林绿化定额边坡绿化生态修复章节中的沙漠栽植沙柳（图 1）网格子目套价计算。

图 1　沙漠栽植沙柳网格

5. 某绿化工程招标文件中要求挖损率 10%，成活率 70%，应该如何理解？

答：（1）挖损率 10%：表示苗木异地转运（挖、运）过程中，挖树木损坏率最多为 10%，即挖 100 棵树，最多允许 10 棵树木死。

（2）成活率 70%：表示树木从种植完成经竣工验收，到合同约定养护期结束由建设单位组织验收，必须保证苗木成活率最低为 70%，即种 100 棵树至少保证 70 棵苗木成活。

6. 什么是全冠苗？什么是非全冠苗？

答：（1）全冠苗（图 2）是指达到三级分枝且冠幅达到其胸径 1.5 倍的乔木。平常所说的不修剪的苗木称为全冠苗。

图 2　全冠苗

（2）非全冠苗（图 3）是指达不到三级分枝或冠径达不到其胸径 1.5 倍的乔木。在苗木移植、园林绿化过程中，为了达到绿化效果并保证成活率，降低运输维护成本，对树冠进行修剪处理保留一部分树冠的苗木称为非全冠苗。

图 3　非全冠苗

7. 园林绿化定额里草坪、花卉换土工作内容是装、运土到坑边。这里的装、运土是指哪部分土？原土的挖、运是否另套定额？

答：（1）装、运土是外购种植土装上车运到施工现场树坑边或者草坪地旁边。

（2）原土挖运需要按定额单独计算挖土、外运。

8. 园林绿化工程中绿植的信息价是否包含植物的起挖、运输及植物本身的价格？

答：这是园林绿化初学者的高频问题，建议查看当地工程造价信息价格，一般有备注说明。苗木主材价一般包含苗木费、起苗包装费、运输费、税费。施工现场苗木卸车费、搬运费包含在相应定额子目中。

9. 种植莲藕应该套什么定额？

答：莲藕是水生植物，根据设计图纸规格尺寸要求套用园林绿化定额中的水生植物定额子目并补充主材价计入。

10. 金鱼藻应该套什么定额？

答：金鱼藻属多年生草本沉水性水生植物，别名细草、软草、鱼草。可根据设计要求，套用园林绿化定额中的水生植物定额子目并补充主材价计入。

11. 园林绿化定额中栽植子目单价包含运输费用吗？

答：不包含。苗木的运费一般包含在苗木主材价中。如果苗木主材按照当地工程造价信息表中的苗木价格计入，一般包含苗木主材价、起苗费、包装费、运输费（具体以当地工程造价信息价说明为准）。如果是市场询价，需要确认是否包含运费，组价时需要考虑将运距并入苗木主材价中。

12. 园林绿化定额中的预算包干费如何计算？

答：园林预算定额中的预算包干费属于费用定额范畴，需要参考当地费用定额中的具体说明。预算包干费（费率）一般包含施工雨（污）水排除、场内二次材料运输、树穴内泥浆清除，工程用水加压，成品保护、施工中临时停水停电、夜间施工照明增加、完工后现场清理等内容。一般情况下以分部分项的人工费与机械费之和作为计算基数，无论实际是否发生都应按费率综合考虑计算。在实际结算审计中出现以实际未发生预算包干费要扣除这笔费用的错误做法。

13. 在园林绿化工程中，堆筑土山丘是人工堆筑还是机械堆筑?

答：根据拟建施工方案或者现场专项施工方案确定。施工中多采用人机配合的方式进行，不同项目由于现场施工条件限制，多采用 1 ∶ 9、2 ∶ 8、3 ∶ 7、5 ∶ 5 的人机配合方式进行。

14. 乔木种植是否带土球如何确定?

答：种植是否带土球的原则如下。

（1）根据设计要求、清单特征描述或专项施工方案确定。

（2）常绿树种、珍贵树种、全冠乔木、在生长季移植的落叶乔木必须带土球移植。

（3）反季节种植的乔木全部要带土球种植。

（4）市政道路两边种植乔木，如果是截干乔木种植可以考虑不带土球种植。

15. 水生花卉最适宜水深是多少?

答：（1）沿生类水生植物。如草蒲、千屈菜，最适宜水深为 0.5~10 cm。

（2）挺水类水生植物。如荷、宽叶香蒲，最适宜水深为 100cm。

（3）浮水类水生植物。如睡莲，最适宜水深为 50~300 cm，睡莲可于水中盆栽。

（4）漂浮类水生植物。如浮萍、凤眼莲，浮于水面，根不生于泥土中。

16. 雄株的苗木价格与正常价格有差异吗?

答：杨树、柳树如为雄株，其价格相比正常同类杨树、柳树价格上浮 40% 计价（参考）。

17. 什么是墩?

答：在栽植花灌木植株类时，为了让景观效果更好，一般每穴会栽种多株。一墩一般为 3~5 株，具体株数需要结合图纸设计要求确定。

18. 绿化工程种植期的养护费用（不是正式的养护期）是多少?

答：从苗木花卉种植完成到项目竣工验收合格期前属于种植期间的养护，种植期间的养护费用已包含在定额单价中，不再单独计算。

19. 地被面积是否需要扣除乔、灌木所占面积?

答：不扣除乔、灌木所占面积。

20. 已知小乔木或者灌木的高度，如何确定胸径套定额?

答：一般情况下图纸设计给定乔灌木的高度和胸径，如果只给定高度，没有说明胸径，可以参考下列方式对应：树高 300mm 对应胸径 6cm，树高 400mm 对应胸径 10cm，树高 500mm 对应胸径 15cm，树高 600mm 对应胸径 20cm，树高 800mm 对应胸径 25cm，树高 800mm 以上对应胸径 25cm 以上。

21. 盆花摆设支架如何计算?

答：园林绿化定额中盆花栽植设有立体花坛、一般花坛定额子目，但是定额单价没有包含摆放盆花的支架费用。实际发生时，可按立体花坛材质、规格型号大小、具体样式进行市场询价补充计入。

22. 什么是客土?

答：客土是指将栽植地点或种植穴中不适合种植的原土更换成适合种植的土壤，或掺入某种栽培基质以改善理化性质后的土。

23. 园林绿化工程自竣工验收后到审计现场收量这段时间内，苗木出现死亡缺失怎么算？

答：这类问题在实践中争议很大，具体看合同约定养护期。如果死亡缺失苗木在养护期内，需要正常补种；如果超过养护期但还没有移交物业，需要由施工单位自行承担苗木死亡或缺失的费用；如果超过养护期并且甲乙双方及物业公司已共同验收并全部移交物业，那就属于物业养护问题，施工单位无须承担相应费用。

24. 请说明园林绿化植物软景、苗木配置标准和顺序。

答：（1）根据具体项目、环境、种植标准进行设计配置要求：

1）品种要求：根据当地气候，植物品种应选择乡土树木种植，要求尽量选用耐盐碱类植物。

2）松柏类常绿植物的栽植，应尽量远离小区宅前屋后设计或种植，北方人对房前屋后种植松柏植物多有忌讳。

3）应将开白花的植物远离宅前种植。

4）规避南侧植物对建筑主体光线遮挡，特别是一楼植物与建筑窗体保持适宜距离。

5）对于常绿植物，应选择高地势及避风栽植。

6）对于有标示的墙体位置植物，应考虑标示高度，植物对其不应遮挡。

7）对于低矮灌木或带刺状植物，树冠尽量不要伸到行人路面，以免存在安全隐患。

8）带有坚硬枝条的灌木，树冠不宜伸展到停车位范围内，以免剐蹭车辆，应选择分枝点高的乔木栽植或枝条直立生长的灌木，如西府海棠。

9）无顶盖处停车位或入户庭院前避免使用合欢、国槐。

10）水杉及池杉禁止作为单排行道树使用。

11）垂柳、悬铃木禁止栽植在建筑物南侧（包括庭院边）。

12）红线内禁止大面积群植或列植落叶乔木，面积不超过 150m^2。

13）红线内禁止使用乌柏（成活率低、易生虫）。

14）景观施工图中“绿化种植设计”中与平面图苗木清单表中数量一一对应。

（2）植物配置标准：先高后低，先内后外。

（3）植物配置顺序：点景大乔木、贵树→中等大乔木→其他小乔木→大灌木、球形植物→小灌木及地被灌木→时令花卉→草坪。

25. 定额计算规则中的“按设计图示尺寸以面积计算”和“以水平投影面积计算”有什么区别？

答：按设计图示尺寸以面积计算是按实际面积计算；以水平投影面积计算不是实际面积。比如带斜坡的场地，按投影面积计算比按设计图示尺寸以面积计算工程量小。

26. 定额中损耗量和含量是什么意思？

答：（1）材料消耗量包括净用量和损耗量。损耗量包括从工地仓库、现场集中堆放地点（或现场加工地点）至操作（或安装）地点的施工场内运输损耗、施工操作损耗、施工现场堆放损耗等。

（2）含量是指完成单位工程量所需要的材料（苗木）多少，园林绿化中是不完全定额基价，未包含苗木主材价，组价时需要补充苗木主材价及苗木损耗系数计算。

27. 绿化乔木用的吊车需要计算起重机进出场费吗?

答：一般苗木种植对应定额子目的机械明细中已经包含吊车费用。但使用大功率吊车吊装种植名贵树木或大规格苗木时，可以参考当地机械台班费用定额中大型机械台班定额对应子目计算，也可以按实际发生办理现场机械台班签证计入。

28. 关于园林绿化定额及工程计价二次搬运的解释。

（1）二次搬运具体包括什么内容?

答：二次搬运具体包括的内容可查看当地园林绿化定额总说明或费用定额说明。以宁夏地区二次搬运费用定额为例，二次搬运费是因施工现场条件限制而发生的材料、构配件、半成品等一次运输不能到达堆放地点，必须进行二次或多次搬运所发生的费用。以宁夏地区为例，园林绿化规定定额是按水平运距100m考虑，由于施工场地条件限制，材料、植物、成品、半成品不能一次运输到达堆放点或从堆放点到达操作（或安装）地点超过水平运距100m，超过部分费用按定额规定计算。

（2）正常的市政道路绿化是否需要计取二次搬运费?

答：正常的市政道路绿化是否需要计取二次搬运费，需根据施工方案或现场实际情况确定。

（3）施工现场具备一定困难的，是否需要另行增加二次搬运费或调增二次搬运费费率?

答：这类问题需要具体问题具体分析。如果实际情况比较特殊，人工降效大，可以办理现场签证计入。

（4）屋顶绿化项目涉及垂直运输，是否已包含在二次搬运费中，是否需要另行计取垂直运输费用?

答：绿化定额是按水平面计算考虑的。如果在屋顶做绿化项目，涉及垂直运输，可按建筑工程垂直运输定额子目计算费用。

29. 乔木养护过程中需要修剪枝条和把树木的主干部分截掉，这部分费用如何计算?

答：乔木截干、修剪枝条属于乔木养护内容。如果只是单纯截掉、修剪树木，实际工程中办理签证按零工计算即可。

30. 有什么办法能快速识别花卉和苗木?

可以借助各类App及小程序辅助识别（如小程序识花君），拍照后可以快速识别花卉苗木的名称及生物特性。

附录 2　景观工程造价实战问题集

1. 塑石假山表面积如何计算？石砌假山吨位如何计算？

答：塑石假山表面积可以按假山外轮廓面积估算，也可按钢丝网使用面积的方法计算。按钢丝网使用面积计算时，工程量取钢丝网实际使用量（面积）×0.95。镀锌钢丝网有相应的规格和计算规则，很容易计算出每捆钢丝网的面积，这个方法简单且精确，在没有发现更精确的计算方法之前，按钢丝网使用面积计算是目前计算塑石假山工程量最方便快捷、最精确的方法。但是本方法需要等塑石假山制作完成后才能计算出塑石假山总面积，无法在塑石假山施工前进行工程量计算（前期工程量计算建议采用“表面积公式计算法”）。

石砌假山吨位一般按进场过磅数计算。预算可按长 × 宽 × 高 ×2.6（石头密度）× 系数的方法计算近似工程量。

2. 园林工程借用市政定额，取费应该采用园林取费还是市政取费？有没有相关的文件说明？

答：不同省市地区定额制定标准不同，需要结合当地费用定额关于园林与市政划分标准进行界定。比如宁夏地区规定借用子目的费用超过总造价的 20% 就按借用定额（市政）的费率计算，没超过就按主专业定额（园林）进行计算。

3. 园林绿化工程定额中多边形砖是如何定义的？三角形和四边形属于多边形吗？

答：正常情况下定额编制是按正方形或长方形的编制测算定额消耗量的，只要不是正方形或长方形，都属于多边形，组价时要考虑人工、材料，按照定额计算规则规定乘以系数计算。

4. 园林定额中“布置景石和其他山石”及“零星点布（含汀石）”两者的区别是什么？

答：布置景石（图 4）是指天然独块景石；零星点布（图 5）是指碎、小石头布置。实践中对于布置景石和零星点布这类景观项目，编制最高投标限价时按暂列金或暂估价列项，编制投标报价就按清单暂列金或暂估价计入。中标后根据图纸二次深化设计确定具体要求，结合项目景观具体特色，市场询价采购。

图 4　布置景石

图 5　零星点布

5. 园林景观定额中如何区分人行铺装和车行铺装？

答：可以按照道路宽度及道路做法进行区分。一般情况下车行道宽 4~6m，人行道宽 2m 左右；车行道与人行道的垫层厚度、面层铺法厚度也不同，车行道上面走大车，有承重荷载，基础垫层厚，面层也厚。

6. 实际工程中，如果景观小品在定额中无法找到对应项，如何给定价格？

答：这类产品价格采用两种方式进行确定。

（1）通过深化设计，根据规格、型号、技术要求编制招标文件，比价采购方式进行确定。

（2）通过深化设计，邀请专业公司报价、比价进行确定。

7. 景观工程基础灰土下是否计算原土夯实？

答：从施工角度讲是一定要做的，但计价时需要根据图纸设计说明、现场实际情况、清单描述进行确定。

8. 园林绿化工程中，庭院灯套什么定额？

答：园林绿化工程中的庭院灯（图6）安装执行电气安装——灯具中的庭院灯定额子目。

图6　庭院灯

9. 园林绿化工程中，如图7所示圆形树池坐凳是按中心线长度计算还是外边线长度计算？

图7　圆形树池坐凳

答：计算规则中是按中心线计算，实际操作中可以按1个/1座进行报价。

10. 停车位铺植草砖，预制六角空心块里面的草坪要单独计算吗？

答：预制六角空心块里面的草坪种植需要单独计算，根据设计要求或清单特征描述套草坪砖种草坪或种草籽子目计价。

11. 停车位的植草砖草坪养护是按照硬地植草地坪养护计算规则（按一半面积计算）吗？

答：不是，是按绿化养护定额中散铺草坪养护进行计算。

12. 园林绿化工程内有配电箱、充电桩等建筑物，整理绿化面积及绿化面积是否扣除配电箱等所占面积？

答：绿化工程内有配电箱、充电桩等建筑物，计算整理绿化面积不扣除配电箱等所占面积，但绿化种植面积应该扣除配电箱等所占面积。

13. 园林绿化小品太湖石垒砌应如何套定额？

答：对于景观产品，在实际工作中多采用依据深化设计找几家专业公司带方案报价、比价的方式确定。

14. 园林工程中的景观石，计价时需要考虑哪些费用？

答：景观石（图 8）计价需要考虑吊车台班费、运输费、卸车费、辅助人工费、管理费、利润、税金。

图 8 景观石

15. 美丽乡村建设项目中的景观节点建设，有不少彩色透水混凝土路面、花岗石人行道、景墙及景观小品等内容，这种项目应套用市政定额还是套园林定额？取费如何确定？

答：首先看招标文件或清单计价要求确定选取市政或园林定额。如果招标文件没有规定，或在编制最高投标限价时，看当地费用定额中市政与绿化工程划分说明。一般常规做法是：花岗石人行道属于市政范畴，透水混凝土路面、景墙、景观小品属于绿化范畴，该部分施工内容按绿化景观定额套价计算。综合取费看当地费用定额中具体划分说明。不同地区划分标准不同，例如某省费用定额规定：如果套用园林景观定额，其中部分组价借用市政定额，市政部分造价若不超过整个项目造价的 20%，综合取费就按园林绿化定额取费统一进行计算；如果超过 20% 就单独按市政定额综合取费进行计算。

16. 园林绿化图纸中平面图工程量与工程量表中工程量不一致时，应该以哪个为准？

答：具体问题具体分析。结合施工平面图苗木标识与苗木清单表进行分析，是苗木数量表写错了还是设计施工平面图漏算了，及时联系设计人员出具设计变更单并按修正后的工程量计算。

17. 园林工程中园路人行道的不锈钢嵌条，应该套用哪个定额？

答：应该根据设计规格型号按市场询价补充计入。

18. 假山应该如何列项?

答：需要结合造价阶段确定。如果是编制最高投标限价阶段，需要按暂估价或暂列金列项。中标后一般需要专业公司二次深化设计，根据深化设计方案报价、比价确定。

19. 苗木栽植资料报验包括哪些内容?

答：（1）苗木种植定位放线报验。

（2）苗木选备报验（包括常绿乔木、落叶乔木、花灌木、绿篱、色块、地被等）。

（3）种植穴、种植池、种植槽、坪床报验。

（4）苗木种植报验（包括单独的树木支撑、种植施工记录等）。

（5）新植养护报验（包括浇水记录）。

（6）后期养护报验（包括防寒、除虫打药、修剪、浇水等作业）。

20. 景观地面混铺几种材质的花岗石，是分别列清单套定额，还是放在同一个清单下?

答：具体问题具体分析。看图纸设计是拼花铺贴还是分色块铺贴，砖的价格是否有差异，还要根据当地定额铺装子目和定额子目的计算规则确定是否分开列项计算。

21. 景观塑石 70~80mm 厚 1 ∶ 1 水泥砂浆造型套什么定额?

答：塑假山，可以参考园林绿化景观定额套价计算。目前实际做法是：根据二次深化设计方案进行报价、比价确定，根据造型、面积大小不同，单价也不同，一般为 300~800 元 /m^2。

22. 模袋护坡套什么定额子目?

答：园林绿化定额中生态修复工程章节有对应子目可以套价计算。

23. 园林绿化清单，应该套什么定额?

答：对于这个问题首先要看清单特征描述内容，绿化定额中有以下定额子目可供选择：

（1）清除草坪、地被露地花卉。其工作内容为：铲除≤ 10cm 泥土的根、茆、集中堆放、装车外运、清理场地等。

（2）整理绿化用地种植地。工作内容为：就地挖、填厚度≤ 30cm 土层，耙细、平整、找坡、清理石子杂物、集中堆放等。

上述两者工作内容不同，至于要套哪几个定额需要结合清单特征描述及施工现场实际情况进行确认。

附录3　措施项目造价实战问题集

1. 树木支撑拆除套用什么定额子目?

答：树木支撑属于园林绿化定额中的措施费内容。树木支撑与拆除经验值：树木支撑制作、安装占75%（或65%），拆除占25%（35%）。

2. 树木支撑什么情况下用三角桩？什么情况下用四角桩?

答：树木支撑是在苗木种植完成后采取的一种技术保护措施，可防止风沙、大风等对刚种植完成的树木根部进行扰动而导致树木死亡，一般根据拟建项目施工组织方案的内容确定。

3. 土壤改良方式有哪些?

答：（1）增施有机质。土壤贫瘠时可增施有机质肥，如草炭土、堆肥等，一般100m^2的施用量≤2.5m^3，约增加3cm表土。

（2）土壤性状改良。

1）土质太黏：应结合施有机肥掺入粗砂（不能用细砂）。掺砂量为原有土壤体积的1/3。

2）土质太沙：在结合施用有机肥时掺入种植土。掺土量为原有土壤体积的1/3。

4. 什么是保墒?

答：墒是指土壤水分。保墒就是通过深耕、细耙、勤锄等手段保持水分不蒸发、不渗漏，以利农作物生长发育。

5. 景观园林工程需要计算大型机械进出场费用吗?

答：需要看实际采用机械的规格型号大小确定。普通机械不计算进出场费（普通机械与大型机械划分标准参考当地混凝土、砂浆配合比、机械设备台班定额中的划分标准）。

6. 2m高的凉亭要套用什么脚手架?

答：需要看凉亭是现浇钢筋混凝土、石材还是木质结构，不同材质凉亭搭设不同的脚手架，可根据施工图纸、清单特征描述或施工组织设计方案确定。